渤海海冰信息提取方法及成图

顾 卫　颜 钰　刘成玉　袁 帅
刘雪琴　许映军　谢 锋　李澜涛　著

海洋出版社

2023 年·北京

图书在版编目(CIP)数据

渤海海冰信息提取方法及成图／顾卫等著. — 北京：
海洋出版社，2023.11
ISBN 978-7-5210-1146-3

Ⅰ.①渤…　Ⅱ.①顾…　Ⅲ.①渤海-海冰-数据采集
Ⅳ.①P731.15

中国国家版本馆 CIP 数据核字(2023)第 143264 号

审图号：GS 京(2023)0950 号

渤海海冰信息提取方法及成图

BOHAI HAIBING XINXI TIQU FANGFA JI CHENGTU

责任编辑：苏　勤

责任印制：安　森

海洋出版社 出版发行

http://www.oceanpress.com.cn

北京市海淀区大慧寺路 8 号　邮编：100081

鸿博昊天科技有限公司印刷　新华书店经销

2023 年 11 月第 1 版　2023 年 11 月北京第 1 次印刷

开本：850 mm×1 168 mm　1/16　印张：10

字数：260 千字　定价：298.00 元

发行部：010-62100090　总编室：010-62100034

海洋版图书印、装错误可随时退换

■ 前　言

　　渤海是我国的内海，其地理位置为 37°07′—41°56′N、117°33′—122°08′E。我国北方海域每年冬季都会有海冰出现，以渤海和黄海北部为主要区域，其中渤海是北半球纬度最低的结冰海域，以浮冰为主。渤海的面积约为 $9×10^4$ km^2，平均水深 25 m，沿岸水浅处只有几米，东部老铁山水道处水深达 86 m，渤海海峡口宽约 106 km，渤海总容量约 1 730 km^3。

　　渤海地处北温带，气温变化具有明显的大陆性，多年平均气温 10.7℃，降水量 500~600 mm。渤海冬季寒冷，1 月份的气温最低，平均气温为 −9~−4℃，平均最低气温为 −14~−6℃，极端最低气温为 −28~−25℃；其次为 2 月份。受低温和寒潮天气的影响，冬季渤海海水出现结冰现象。自 11 月中下旬至 12 月上旬，渤海沿岸从北往南海水开始结冰；翌年 2 月中旬至 3 月上中旬由南往北海冰渐次消失，冰期约为 3 个多月。渤海海冰分为固定冰和浮冰两大类型。1—2 月，沿岸固定冰宽度一般在距岸 1 km 之内，而在浅滩区宽度约 5~15 km，常见冰厚为 10~40 cm，在河口及滩涂区堆积冰厚度可达 2~3 m。流动的浮冰主要分布在固定冰区之外距岸 20~40 km 的范围内，大致与海岸平行，流速 50 cm/s 左右。在空间分布上，渤海海冰主要集中在辽东湾、渤海湾和莱州湾，尤其以辽东湾冰情最为严重，平均冰期 105~130 d，固定冰厚度一般在 30~40 cm，浮冰厚度一般在 15~30 cm，最大范围可扩展到距岸 70 km 左右。在冷冬年份（如 1956—1957 年、1968—1969 年、2009—2010 年等），辽东湾的全部都会被海冰覆盖，渤海湾和莱州湾的大部分也都分布着大量的海冰。

　　渤海三面环陆，北、西、南面分别与辽宁、河北、天津和山东三省一市毗邻，东南面通过渤海海峡与黄海相通，辽东湾、渤海湾、莱州湾这三大海湾构成了渤海的主体，辽东半岛和山东半岛犹如伸出的双臂将其合抱，构成首都北京的海上门户。作为我国最重要的经济区之一，环渤海地区经济活动频繁，是中国港口群和油气开采群分布最为密集的区域之一，同时渤海也是中国重要的"海上粮仓"。每年冬季，渤海海水在低温作用下冻结，生成海冰。快速变化的海冰对渤海海洋运输、水产养殖、海上油气开采等海洋产业以及航标灯、沿海核电站、跨海大桥等海上构筑物造成了严重危害，尤其是在重冰年，海冰灾害会造成重大经济损失。

从海洋环境安全保障角度，开展渤海海冰的空间分布规律和长时间序列的研究具有重要意义。1969 年渤海海域发生特大冰封，海冰在风和海流的综合作用下发生漂流，其强大破坏力直接损毁了"海二井"石油开采平台，给海上石油生产造成了巨大经济损失，对海洋环境造成了严重影响。2010 年中国遭遇到了近 30 年来最严重的海冰冰情，造成巨大损失。辽宁、河北、天津、山东等沿海三省一市受灾人口 6.1 万人，船只损毁 7 157 艘，港口及码头封冻 296 个，水产养殖受损面积 207.87×10³ hm²。因灾直接经济损失高达 63.18 亿元，占全年海洋灾害总经济损失的 47.6%。2012 年，我国首座冰区核电站投产运营，冬季的冷源取水安全是冰区核电安全保障的重要内容之一。

海冰不仅是海洋灾害，也是一种潜在的淡水资源。由于海水在冻结过程中将大量盐分析出冰体，因此海冰的盐度大大低于海水。渤海海水的盐度在 28~31 之间，渤海海冰的盐度一般在 2~10，最低的可达到 2，而盐度为 3 的时候已经接近农业灌溉用水的盐度标准。如果经过简单的处理，能以较低的成本将海冰中所含有的盐分去除的话，渤海海冰就可以转化为淡水，从而为解决环渤海沿岸地区的缺水问题提供一个新途径，并为增加我国淡水资源总量做出贡献。

海冰作为冰冻圈的重要组成部分之一，对全球气候变化具有高度敏感性。近年来，随着全球气候变暖，除了极地冰原和山地冰川出现了大幅度的减少和萎缩之外，全球海冰时空分布格局也在发生显著变化。渤海作为北半球纬度最低的季节性冰区，其冬季冰情的变化情况不仅是对全球气候变化的响应，也对渤海沿岸地区的气候变化起着重要的指示作用。要深入探究渤海海冰的时空变化特点及其与沿岸地区气候变化的关系，获取长时序完整冰情数据是开展相关科学研究的基础和前提。

北京师范大学海冰资源研究团队在科技部、国家自然科学基金委员会、教育部、自然资源部等单位的支持下，会同国家海洋环境监测中心的研究人员，自 2000 年至今，历经 20 余年的时间，利用卫星遥感、岸基雷达、沿岸考察、冰区探查、模型模拟等手段，对渤海海冰的时空分布及其资源量变化进行了系统性的监测研究，获取了大量的渤海海冰分布图件和冰情数据，为更准确地把握渤海多年冰情变化特征、更清晰地认识渤海海冰生消过程以及更科学地揭示渤海海冰变化机制等理论研究提供了有力的数据支撑，也为海冰资源开发、海冰防灾减灾、海洋环境保护等应用研究提供了重要的科学依据。

　　本图集是在上述背景下产生的，是以渤海海冰为对象的图件和数据的汇总与提炼。图集共分五章，包括渤海海冰概况、渤海海冰遥感影像解译方法与解译图、渤海海冰模型模拟方法及模拟图、渤海海冰专题分析图、典型冰情年的冰情特征及冰情图片。本图集由顾卫、颜钰、刘成玉、袁帅、刘雪琴、许映军、谢锋、李澜涛等共同完成。北京师范大学史培军教授、李宁教授、哈斯教授、崔维佳博士对作者的工作曾经给予大力的支持和指导。国家海洋环境监测中心刘旭世、陈伟斌、刘永青、宋丽娜、陈元、史文奇、许宁等也参与了本书第五章涉及的冬季海冰观测和分析工作，在此一并表示感谢。

　　本图集各章节的执笔人及其现工作单位如下：

　　第1章：顾卫（北京师范大学）、刘雪琴（国家海洋环境监测中心）；

　　第2章：刘成玉（中国科学院上海技术物理研究所）、颜钰［中国地质大学（北京）］、袁帅（国家海洋环境监测中心）、谢锋（中国科学院上海技术物理研究所）、李澜涛（北京师范大学）；

　　第3章：颜钰、刘雪琴；

　　第4章：刘雪琴、袁帅、许映军（北京师范大学）；

　　第5章：袁帅、刘雪琴、许映军、顾卫。

　　本图集由顾卫、刘雪琴统稿。制图人包括颜钰、刘成玉、刘雪琴、顾卫、袁帅、许映军、谢锋等。

　　由于时间和水平所限，图集中错误与疏漏之处在所难免，期待着同行学者的批评与赐教，期待着与读者讨论交流。

作　者

2022 年 8 月

■ 目 录

第1章 渤海海冰概况

1.1 渤海年度冰情概况

渤海是我国地理位置偏北的内陆海，由辽东湾、渤海湾、莱州湾和中央海盆组成。渤海三大海湾的基本特征如下(图 1.1)。

(1)辽东湾。辽东湾位于渤海北部，河北省大清河口到辽东半岛南端老铁山角以北的海域。水深较深，最大水深可达 30 m，面积约为 28 000 km²，是渤海最大的海湾。辽东湾呈东北—西南走向，大部分位于辽宁省境内，西南部属于河北省，有辽河、滦河等大型河流汇入，主要海洋要素受陆地与河流的影响较大。

(2)渤海湾。渤海湾位于渤海的西部，河北省大清河口到山东省新黄河口以西的海域。最大水深约 28 m，面积约为 14 000 km²。渤海湾呈东—西走向，沿岸分别属于河北省、天津市和山东省，有海河、蓟运河等大型河流汇入，主要海洋要素受陆地与河流的影响较大。

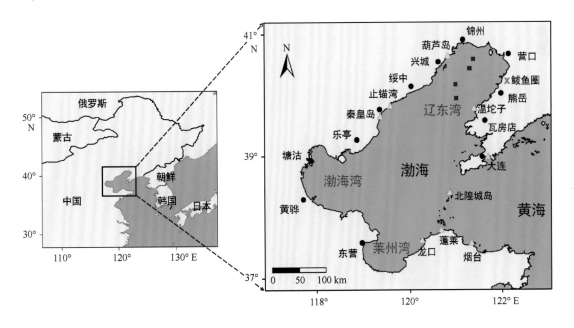

图 1.1　渤海及渤海三大海湾的地理位置

图中标记点表示本书中用来数据验证的观测点，其中黑色圆点代表气象台站，红色方框代表基于海上油气平台的海冰观测点，绿色×代表鲅鱼圈岸基雷达站，黄色三角代表沿岸海洋站

(3)莱州湾。莱州湾位于渤海的南部,山东省新黄河口到山东省龙口屺坶岛以南的海域。最大水深为18 m,面积约为11 000 km²。莱州湾呈东北—西南走向,全部位于山东省境内,有黄河、小清河等大型河流汇入,特别是黄河对莱州湾影响较大(杨国金,2000)。

在冬季风和寒潮天气的作用下,渤海部分海域出现结冰现象,形成大范围的海冰。我国结冰海域包括渤海和黄海北部。渤海海冰为一年生海冰,发展过程主要分为三个阶段,即初冰期、盛冰期、终冰期。地理位置与水深条件决定了渤海海冰空间分布基本特征。再加上海风、海流等动力因素影响,不同海湾海面结冰的时间长短、范围大小、成冰厚度以及海冰表面堆积程度等具有较大差异(图1.2,图1.3)。整体来看,依据海冰范围(浮冰外缘线)和冰厚,渤海海冰冰情大致可划分为轻冰年、偏轻冰年、常冰年、偏重冰年和重冰年五个等级(见表1.1)(张方俭,1986;邓树奇,1985)。

表1.1 我国渤海海冰冰情等级

标准等级	浮冰外缘线/n mile			冰厚/cm					
	辽东湾	渤海湾	莱州湾	辽东湾		渤海湾		莱州湾	
				一般	最大	一般	最大	一般	最大
轻冰年	<35	<5	<5	<15	30	<10	20	<10	20
偏轻冰年	35~65	5~15	5~15	15~25	45	10~20	35	10~15	30
常冰年	65~90	15~35	15~25	25~40	60	20~30	50	15~25	45
偏重冰年	90~125	35~65	25~35	40~50	70	30~40	60	25~35	50
重冰年	>125	>65	>35	>50	100	>40	80	>35	70

资料来源:引自丁德文(1999)。

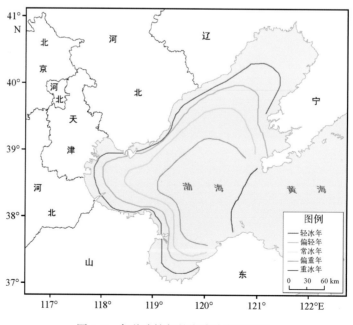

图1.2 各种冰情年的海冰分布范围图

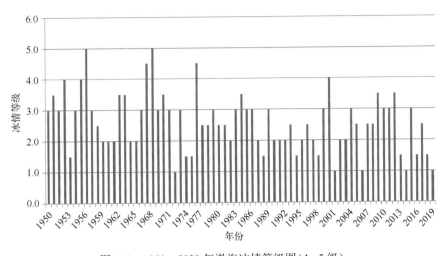

图 1.3　1950—2020 年渤海冰情等级图(1~5 级)

数据来源：杨华庭等，1994；中国海洋灾害公报(1989—2020)。

渤海海冰类型根据海冰的成因和发展过程划分为浮冰和固定冰两大类(见图 1.4)。浮冰又可以分为初生冰、冰皮、尼罗冰、莲叶冰、灰冰、灰白冰和白冰；固定冰又可以分为沿岸冰、冰脚和搁浅冰(见表 1.2)。

表 1.2　渤海海冰冰型定义

海冰类型		符号	特征
浮冰	初生冰(New ice)	N	海冰初始阶段的总称。由海水直接冻结或雪降至低温海面未被融化而生成的，多呈针状、薄片状、油脂状或海绵状。初生冰比较松散，只有当它聚集漂浮在海面附在礁石及其他物体上时才具有一定的形状。有初生冰存在时，海面反光微弱，无光泽，遇风不起波纹
	冰皮(Ice rind)	R	由初生冰冻结或在平静海面上直接冻结而成的冰壳层，表面平滑、湿润而有光泽，厚度 5 cm 左右，能随风起伏，易被风浪折碎
	尼罗冰(Nilas)	Ni	厚度小于 10 cm 的有弹性的薄冰壳层，表面无光泽，在波浪和外力作用下易于弯曲和破碎，并能产生"指状"重叠现象
	莲叶冰(Pancake ice)	P	直径 30~300 cm，厚度 10 cm 以内的圆形冰块，由于彼此互相碰撞而具有隆起的边缘，它可由初生冰冻结而成，也可由冰皮或尼罗冰破碎而成
	灰冰(Grey ice)	G	厚度为 10~15 cm 的冰盖层，由尼罗冰发展而成，表面平坦湿润，多呈灰色，比尼罗冰弹性小，易被涌浪折断，受到挤压时多发生重叠
	灰白冰(Grey-white ice)	Gw	厚度为 15~30 cm 的冰层，由灰冰发展而成，表面比较粗糙，呈灰白色，受到挤压时大多形成冰脊
	白冰(White ice)	W	厚度为大于 30 cm 的冰层，由灰白冰发展而成，表面粗糙，多呈白色
固定冰	沿岸冰(Coastal ice)	Ci	沿着海岸、浅滩形成，并与其牢固地冻结在一起的海冰。沿岸冰可以随海面的升降做垂直运动
	冰脚(Ice foot)	If	固着在海岸上的狭窄沿岸冰带，是沿岸冰流走后的残留部分或涨潮时糊状浮冰以及浪花飞沫附着在海岸聚集冻结而成的冰带
	搁浅冰(Stranded ice)	Si	退潮时留在潮间带或在浅水中搁浅的海冰

资料来源：GB/T 14914—2006 海滨观测规范。

图 1.4　固定冰(左，辽东湾鲅鱼圈田家崴子近岸海域)和浮冰(右，辽东湾鲅鱼圈营口电厂附近海域)

(摄于 2017 年 2 月 11 日)

1.2　渤海年内冰情概况

根据冬季内结冰时间和冰情的不同，渤海冬季结冰期可分为三个时间段，即初冰期、盛冰期和终冰期。初冰期大致为当年 11 月下旬至翌年 1 月初，盛冰期大致为 1 月初至 2 月中旬，终冰期大致为 2 月中旬至 3 月上旬。渤海各海区的冰期特点见表 1.3。

表 1.3　渤海主要海区海冰冰期

	辽东湾				渤海湾			莱州湾		
	北岸	西北	西南	东北	东南	北	西	南	西	南	东
初冰日(日/月)	23—26/11	3/12	20/11	17/11	3/2	10/12	22/12	10/12	5/12	15/12	18/12
终冰日(日/月)	25/3	15/3	10/3	22/3	15/3	20/3	25/2	9/3	5/3	26/2	25/2
冰期/d	120	108	103	120	68	108	55	90	80	—	—
盛冰期初日(日/月)	15/12	25/12	10/1	20/12	20/1	15/1	13/1	27/12	25/12	—	5/1
盛冰期终日(日/月)	5/3	5/2	25/1	2/3	17/2	10/2	2/2	20/2	20/2	—	10/2
盛冰期/d	85	65	27	72	18	20~30	12	55	50	—	20~25

注：改编自杨国金(2000)。

2009—2010 年冬季，渤海发生了近 30 年来最严重的冰情(孙劭等，2011；顾卫等，2014)。图 1.5 至图 1.8 显示了这一年初冰期、盛冰期、终冰期的海冰遥感图像和冰情信息实况。由于该年度冬季冰情有两次迅速发展期(2010 年 1 月，辽东湾的海冰冰缘线在 12 天内扩展了 33 n mile，2 月 13 日，辽东湾海冰面积占总面积的 90%之多，海冰边缘线达到 108 n mile)，因此盛冰期选取了两景海冰实况图(图 1.6，图 1.7)，初冰期和终冰期各选取一景海冰实况图。

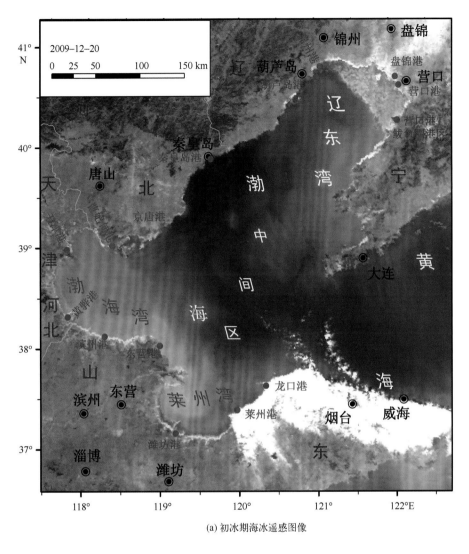

(a) 初冰期海冰遥感图像

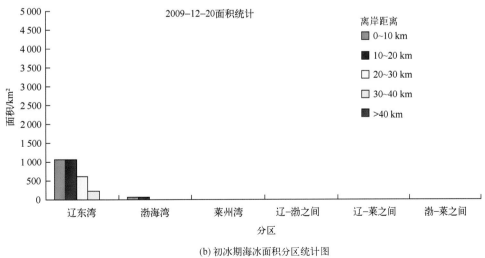

(b) 初冰期海冰面积分区统计图

图 1.5　初冰期海冰实况图（2009 年 12 月 20 日）

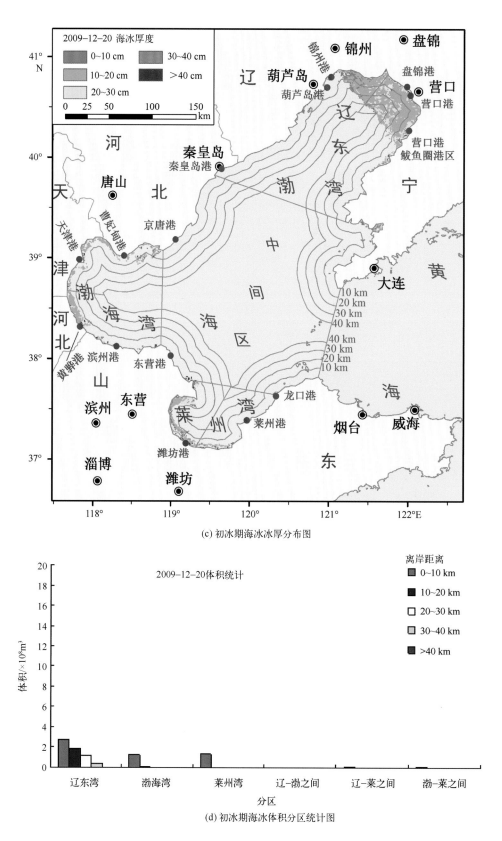

(c) 初冰期海冰冰厚分布图

(d) 初冰期海冰体积分区统计图

图 1.5　初冰期海冰实况图（2009 年 12 月 20 日）（续）

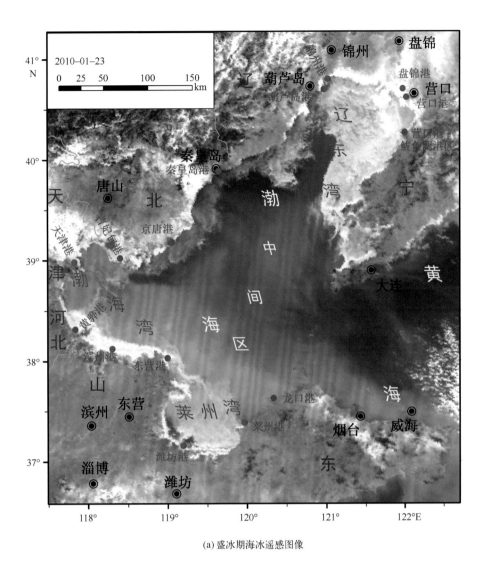

(a) 盛冰期海冰遥感图像

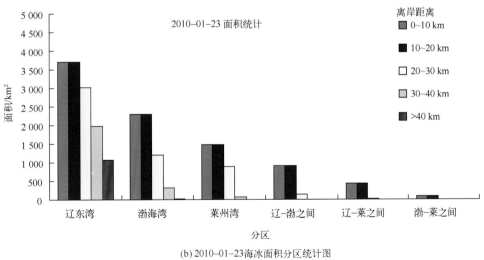

(b) 2010-01-23 海冰面积分区统计图

图 1.6　盛冰期海冰实况图（2010 年 1 月 23 日）

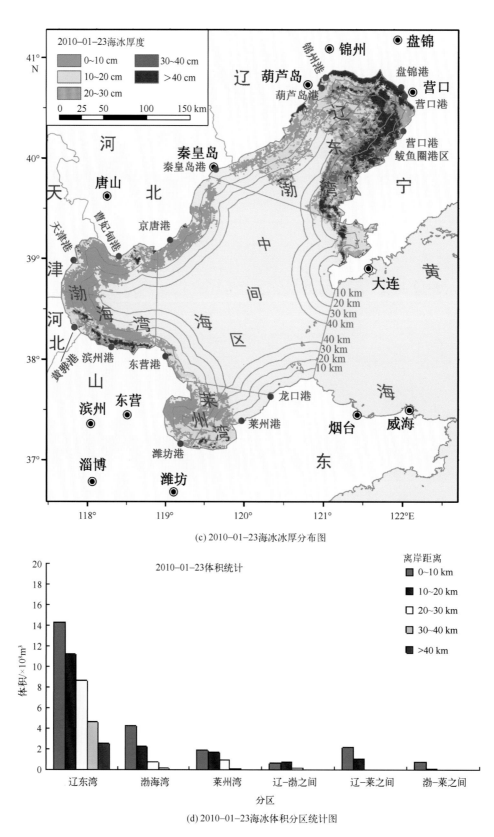

(c) 2010−01−23海冰冰厚分布图

(d) 2010−01−23海冰体积分区统计图

图 1.6 盛冰期海冰实况图（2010 年 1 月 23 日）（续）

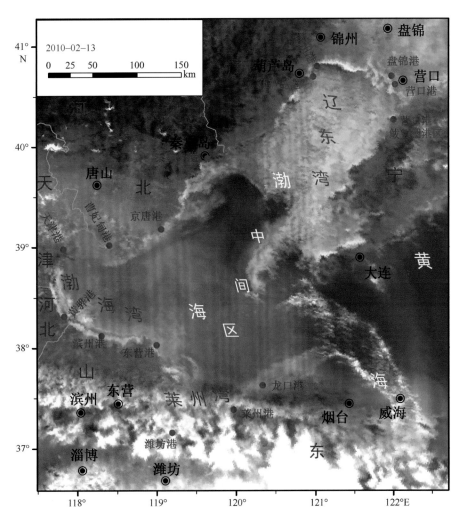

(a) 2010-02-13盛冰期海冰遥感图像

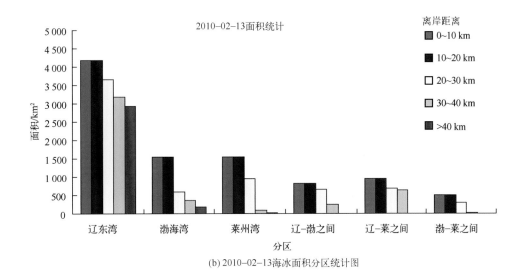

(b) 2010-02-13海冰面积分区统计图

图1.7　盛冰期海冰实况图（2010年2月13日）

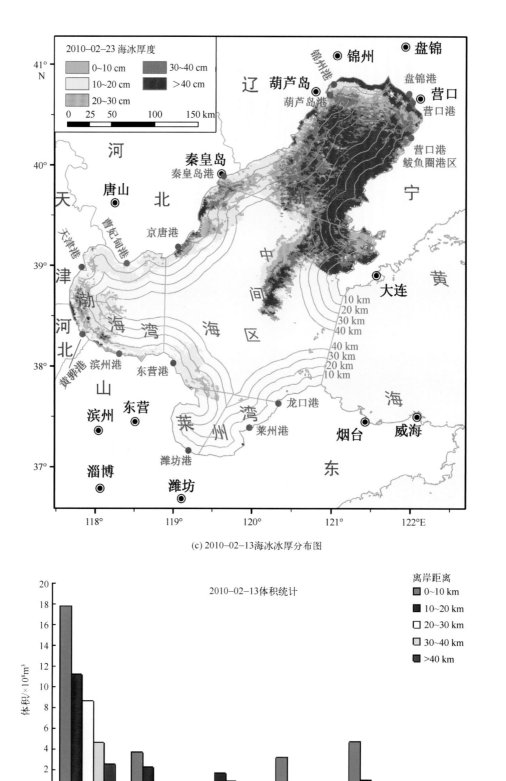

(c) 2010-02-13海冰冰厚分布图

(d) 2010-02-13海冰体积分区统计图

图 1.7　盛冰期海冰实况图(2010 年 2 月 13 日)(续)

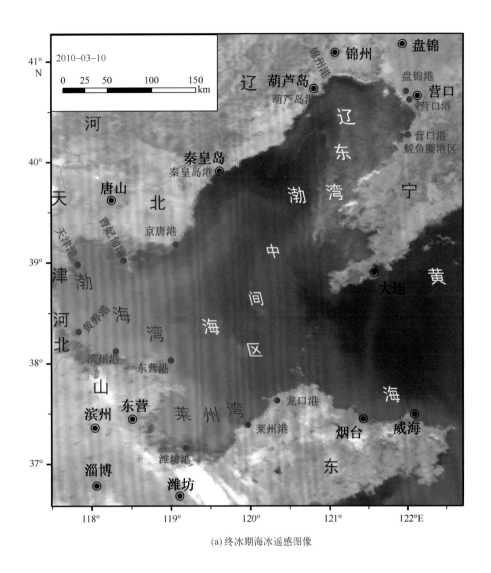

(a) 终冰期海冰遥感图像

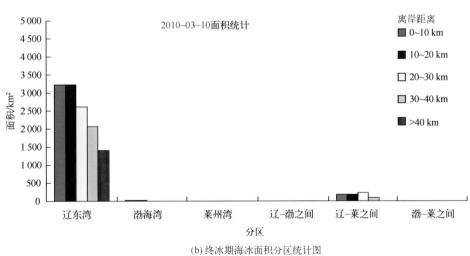

(b) 终冰期海冰面积分区统计图

图 1.8　终冰期海冰实况图(2010 年 3 月 10 日)

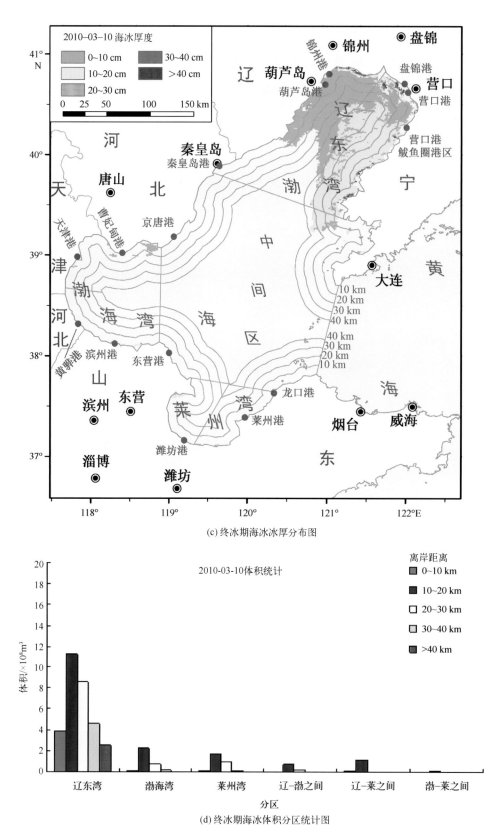

(c) 终冰期海冰冰厚分布图

(d) 终冰期海冰体积分区统计图

图 1.8　终冰期海冰实况图(2010 年 3 月 10 日)(续)

参考文献

邓树奇，1985. 渤海海冰特征. 海洋预报服务，2(2)：73-75.

丁德文，等，1999. 工程海冰学概论. 北京：海洋出版社.

顾卫，等，2014. 渤海海冰储量测算与品质评价. 北京：科学出版社.

孙劭，苏洁，史培军，等，2011. 2010 年渤海海冰灾害特征分析. 自然灾害学报，20(6)：87-93.

杨国金，2000. 海冰工程学. 北京：石油工业出版社.

杨华庭，等，1994. 中国海洋灾害四十年资料汇编(1949—1990). 北京：海洋出版社.

张方俭，1986. 我国的海冰. 北京：海洋出版社.

自然资源部，中国海洋灾害公报(1989—2021)，http：//www.nmdis.org.cn/hygb/zghyzhgb/index_2.shtml.

第2章 渤海海冰遥感影像解译方法与解译图

卫星遥感是一种通过卫星搭载传感器实现对地观测的遥感技术，无需到现场即可对目标区域进行远距离观测。具有观测范围广、速度快和对固定区域周期性监测等特点。随着卫星遥感技术的发展，海冰遥感监测已成为大范围冰情变化观测的有效方法和主要手段，可即时快速获取大范围的、丰富的冰情信息。近年来，多种卫星遥感数据广泛应用于海冰遥感监测中，包括多光谱扫描仪、成像光谱仪、微波辐射计、合成孔径雷达等（Plotnikov et al., 2018；Li et al., 2020；刘森等，2020）。海冰卫星遥感监测根据传感器类型，可分为光学遥感和微波遥感两类。其中，基于光学卫星遥感数据的海冰监测主要通过光谱特征差异进行冰情信息提取。相比微波遥感，现阶段光学卫星遥感具有较高的空间分辨率、时间分辨率、波谱分辨率。常用的 NOAA 和 MODIS 影像空间分辨率约 1km，可获取逐日的影像数据，有效直观地监测海冰生消过程（Su et al., 2012；颜钰等，2017；焦慧，2018）。

2.1 渤海海冰反射光谱特征

光学遥感提取渤海海冰范围、反演海冰厚度的主要原理就是基于不同地物类型在不同波段有不同的发射和反射特征。在 400~1 350 nm 光谱范围内，随着海冰厚度增加，反射率迅速增加（图 2.1）。从光谱曲线的整体形状看，雪、海水的曲线都是随着波长的增加先增加后减

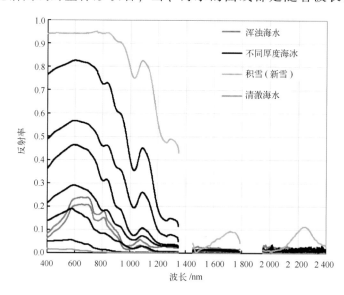

图 2.1 海冰光谱反射率

小，在 500~600 nm 达到最大值。在短波红外波段（1 450~1 800 nm 和 1 950~2 400 nm），雪的反射率大大高于海冰反射率。从可见光到近红外波段，雪的反射率值最高，冰次之，清澈海水的反射率值最低。值得注意的是，浑浊海水的反射率迅速升高，甚至比薄冰的反射率还高，仅存在少量的局部光谱差异，给基于反射光学遥感数据的渤海海冰提取带来了挑战。

2.2　NOAA 数据遥感影像解译方法

1）数据获取

本图集采用的 NOAA 卫星影像来自日本东京大学的 NOAA 数据库和中国气象局国家卫星气象中心，共获取 1988—2010 年冬季冰期（每年 12 月至次年 3 月）覆盖渤海的 2 000 余幅卫星影像，之后剔除有云覆盖等质量差的影像。

2）数据预处理

经筛选下载的 NOAA 影像使用 NOAA 数据处理系统（Package for NOAA Data Analysis，PaNDA）（Shimoda et al.，1998）进行预处理，对 NOAA 数据进行格式转换、大气校正及几何校正等操作。经过预处理的 NOAA 影像将进一步用于海冰范围、厚度和资源量等冰情信息提取工作。

3）海陆分离

陆地与海区分离可减少在分离海冰和海水时由陆地所带来的信息干扰，也避免在划分沿岸冰和岸上积雪时产生的误差。在短波红外谱段，海区（海水和海冰）与陆地之间的反射率差别很大，而海冰和海水的反射率差异很小，这是区分海区与陆地的理想的定义阈值的光谱区。通过定义反射率阈值，可以很好地将海陆分开。

4）海冰范围提取

在辽东湾西部沿岸的初生冰、冰皮等薄冰区，大连附近海区的海冰与渤海中北部的海水之间发生冰水像元混分现象（谢锋等，2006）。对于不同的海区，由于受邻近陆地河流汇入时带来泥沙的影响，高反射率的悬沙区也会与其他海区的海冰像元在确定反射率临界阈值时产生混分现象。例如，渤海湾和莱州湾的悬沙区海水像元的反射率就很接近辽东湾西岸的海冰像元，甚至高于辽东湾某些部分海冰像元的反射率。通过对大量影像考察发现，在渤海湾和莱州湾也有很大的混分概率。在黄河入海口附近（黄河三角洲沿岸很长一段远离海岸线的海域），由黄河汇入渤海时带来的很多泥沙形成了一大片悬沙区，该区像元反射率相当高，超过渤海湾和莱州湾某些海域的海冰像元反射率。因此，对于这部分比较特殊的海域需分别处理。

根据以上分析，将整个渤海海域划分成五个子区域，它们是：①辽东湾北部冰区；②辽东湾东南岸（大连附近海域）冰区；③辽东湾西岸冰区；④渤海湾北部冰区；⑤黄河三角洲沿海和莱州湾冰区。五个区域略有重叠，用以校验各区选取阈值效果的一致性。通过分区，各区冰水反射率的临界阈值通过确定薄冰区最小反射率即可获得，用分区确定反射率阈值的方法就可以将冰水分离开来。最后再将各子区域得到的海冰分布范围合并形成整个研究区域的海冰分布范围(图2.2)。

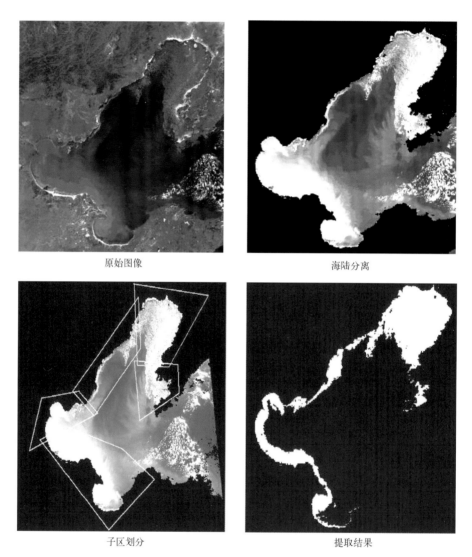

原始图像	海陆分离
子区划分	提取结果

图2.2　海冰范围提取

5) 海冰面积计算

NOAA/AVHRR图像的像元点代表了地面实际分辨率为1.1 km×1.1 km的正方形区域，在地理信息系统技术的支持下，把被判别为海冰的像元点累加起来，再乘以1.1 km×1.1 km，就可以得到图像中渤海海冰的总面积。

6) 海冰厚度估算

关于海冰厚度和反照率的关系，很早就有人研究。日本研究人员白泽等在1973年对北海道的一年冰进行了观测，得到了一组表现反射率随着冰厚而递增关系的数据。Grenfell(1983)从海冰光学理论中得出反照率与海冰厚度有关的结论，并观测到了两者之间的同步递增关系。Allison等(1993)的研究工作也得到了相似的结果。

基于上述分析认为，海冰厚度和海冰反射率呈指数关系，这种关系也符合自然界中两种同步相关现象的关系。海冰反射率与厚度的关系表示为

$$\alpha(h) = \alpha_{max}[1 - \kappa \exp(-\mu_\alpha h)]$$

式中，h 为海冰厚度；$\alpha(h)$ 为海冰对太阳短波辐射谱段的反照率，对于 NOAA 数据来说，$\alpha(h)=0.423\rho_1+0.577\rho_2$，$\rho_1$ 和 ρ_2 分别为第 1 波段和第 2 波段的反射率；κ 为与 α_{max} 和 α_{sea} 相关的系数，$\kappa=1-\alpha_{sea}/\alpha_{max}$；$\alpha_{max}$ 为无限大冰厚对应的反射率，取 0.7；α_{sea} 为海水对应的反射率，取 0.1；μ_α 为与海冰光学衰减特性有关的系数。考虑到泥沙的影响，对于 μ_α 采取分区赋值的方式（Yuan et al., 2012）（图 2.3）。

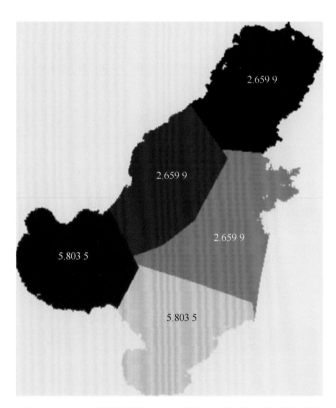

图 2.3　海冰厚度估算模型中光学衰减系数分区赋值示意图

2.3　MODIS 数据遥感影像解译方法

1) 数据获取

本图集采用的 MODIS 卫星影像来自美国国家航空航天局（NASA）戈达德航天中心网站（https://ladsweb.modaps.eosdis.nasa.gov），共获取 2011—2012 年冬季冰期（每年 12 月至次年

3 月)覆盖渤海的 240 余幅卫星影像，之后剔除有云覆盖等质量差的影像。

2）数据预处理

经筛选下载的 MODIS 影像使用 ENVI 数据处理软件进行预处理，对 MODIS 数据进行格式转换、几何校正及大气校正等操作。根据 MODIS 获取时间的气象数据，采用 FLAASH 对 MODIS 数据进行过大气校正（Yuan et al.，2018）。经过预处理的 MODIS 影像将进一步用于海冰面积提取海冰范围、厚度反演和冰量资源量估算等冰情信息提取工作。

3）海陆分离

为了减少陆地地物对海冰提取的干扰，需要去掉陆地区域。海区内的主要地物为海冰和海水，海冰和海水在短波红外波段的反射率相对较小，一般来说使用阈值分割即可区分海冰/海水与陆地区域。使用 MODIS 第 6 波段结合阈值法提取海冰/海水范围。

4）海冰范围提取

针对渤海海水泥沙含量多，且分布复杂的特点，利用归一化差分冰雪指数（Normalized Difference Snow Index，NDSI）与热红外波段年数据相结合提取海冰范围，提取方法为针对渤海海水泥沙含量多，且分布复杂的特点，利用归一化差分水体指数（Normalized Difference Water Index，NDWI）进一步提取海冰，提取方法为

$$\text{class} = \begin{cases} \text{ice} & \text{NDWI} \leqslant T_N \\ \text{water} & \text{NDWI} > T_N \end{cases}$$

$$\text{NDWI} = \frac{\rho_4 - \rho_2}{\rho_4 + \rho_2}$$

$$\text{class} = \begin{cases} \text{ice} & R_{31} \leqslant R_N \\ \text{water} & R_{31} > R_N \end{cases}$$

式中，T_N 和 R_{31} 为阈值，根据 NDWI 直方图确定；ρ_2 和 ρ_4 分别为 MODIS 数据第 2 波段和第 4 波段的反射率；R_{31} 为 MODIS 数据第 31 波段。

5）海冰面积计算

所使用的 MODIS 图像的像元点代表了地面实际分辨率为 1.0 km×1.0 km 的正方形区域，在地理信息系统技术的支持下，把被判别为海冰的像元点累加起来，再乘以 1.0 km×1.0 km，就可以得到图像中渤海海冰的总面积。

6）海冰厚度估算

MODIS 数据估算海冰厚度采用与 NOAA 数据相同的计算模型，海冰反射率与厚度的关系表示为

$$\alpha(h) = \alpha_{\max} \left[1 - \kappa \exp(-\mu_\alpha h) \right]$$

式中，h 为海冰厚度；$\alpha(h)$ 为海冰对太阳短波辐射谱段的反照率，对于 MODIS 数据来说，$\alpha(h)$

为 MODIS 第 1 波段反射率 ρ_1；κ 为与 α_{max} 和 α_{sea} 相关的系数，$\kappa = 1 - \alpha_{sea}/\alpha_{max}$；$\alpha_{max}$ 为无限大冰厚对应的反射率，取 0.7；α_{sea} 为海水对应的反射率，由非海冰区域的海水反射率通过克里金空间插值得到；μ_α 为与海冰光学衰减特性有关的系数。考虑到泥沙的影响，对于 μ_α 采取分区赋值的方式。

2.4 NOAA 数据遥感影像解译图

1) 1988—1989 年

冰情等级 1.5 级，冰情最重时期出现在 1989 年 1 月底(图 2.4)。

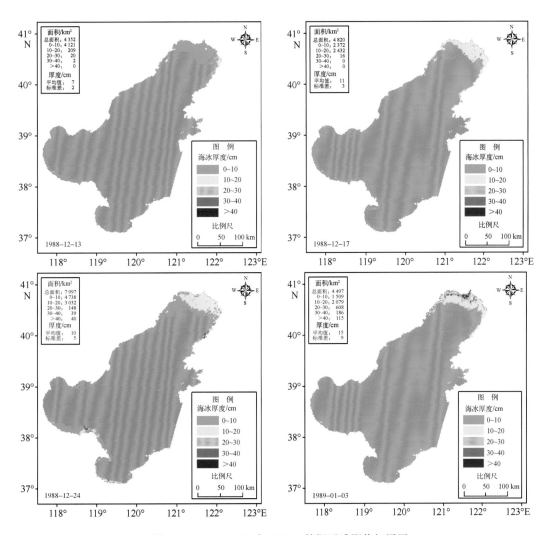

图 2.4 1988—1989 年 NOAA 数据遥感影像解译图

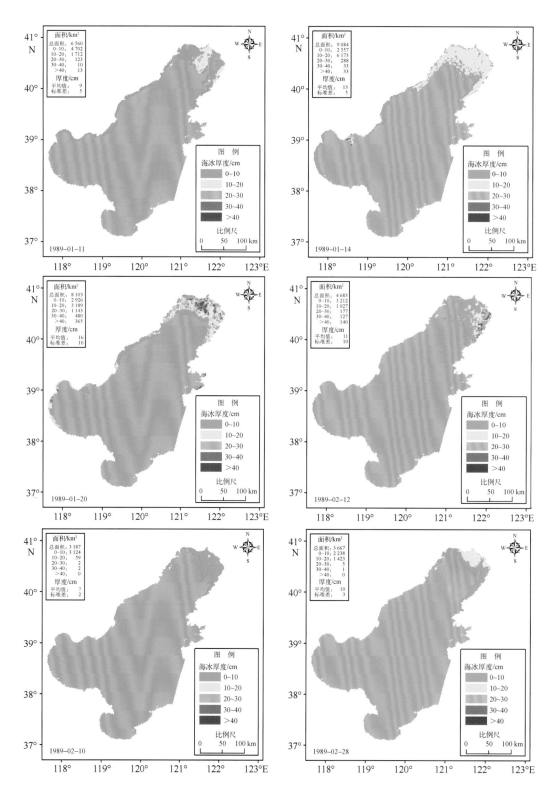

图 2.4　1988—1989 年 NOAA 数据遥感影像解译图(续)

2）1989—1990 年

冰情等级 3.0 级，渤海辽东湾于 1989 年 11 月中旬出现初生冰，渤海湾和莱州湾于 1989 年 12 月下旬出现初生冰，初冰期略有提前。冰情最严重期出现在 1990 年 1 月下旬至 2 月上旬，在此期间，冰情发展迅速，使船舶航行受阻，石油平台受到威胁。有的船只在浮冰的作用下发生走锚现象，1 月底有两艘日本 5000 吨级货轮在辽东湾受浮冰障碍，随冰漂移（图 2.5）。

3）1990—1991 年

冰情等级 2.0 级，我国各结冰海区的冰情较常年明显偏轻。本年度冰情出现两次严重期，1 月下旬到 2 月上旬出现一次，2 月中旬开始海面冰明显衰减，进入 2 月下旬，因受冷空气影响冰情又趋严重。从 3 月上旬起至 3 月中旬末，海面冰逐渐融化消失（图 2.6）。

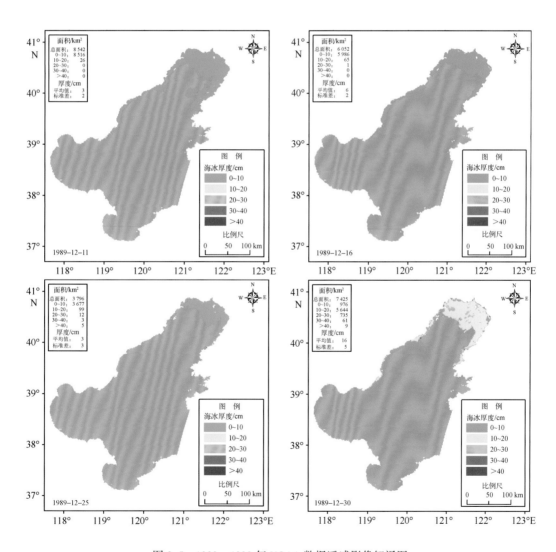

图 2.5 1989—1990 年 NOAA 数据遥感影像解译图

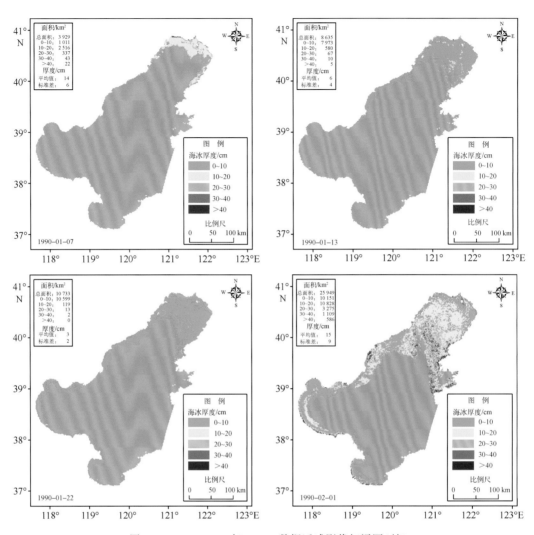

图 2.5　1989—1990 年 NOAA 数据遥感影像解译图(续)

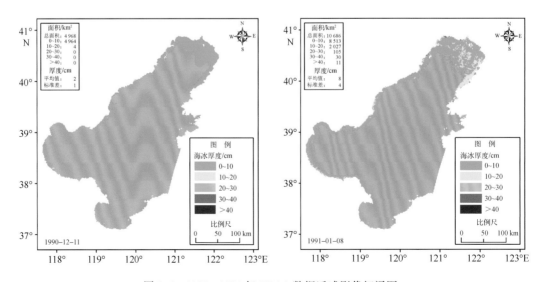

图 2.6　1990—1991 年 NOAA 数据遥感影像解译图

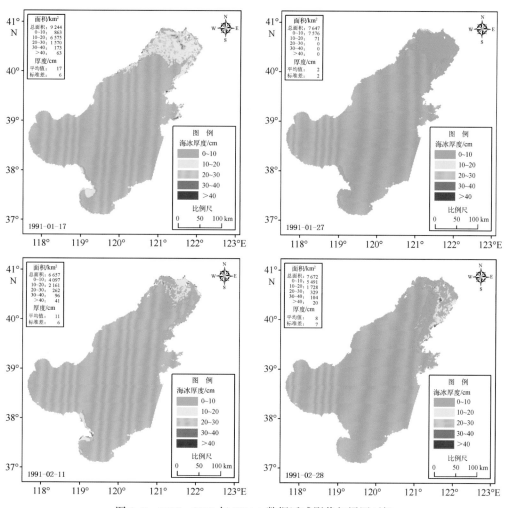

图 2.6 1990—1991 年 NOAA 数据遥感影像解译图(续)

4) 1991—1992 年

冰情等级 2.0 级,各结冰海区的冰情仍较常年明显偏轻(图 2.7)。

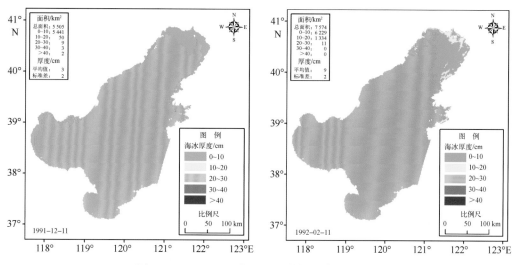

图 2.7 1991—1992 年 NOAA 数据遥感影像解译图

5）1992—1993 年

冰情等级 2.0 级，各结冰海区的冰情持续偏轻，与上一年度的冰情基本相当（图 2.8）。

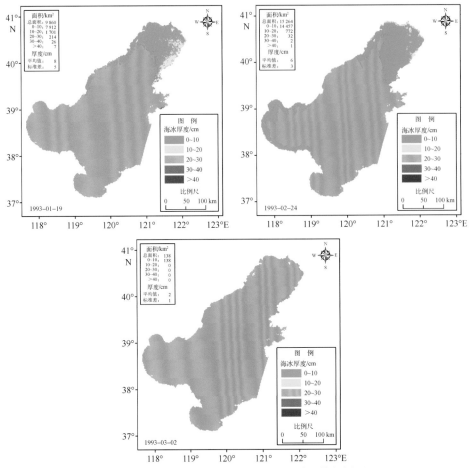

图 2.8　1992—1993 年 NOAA 数据遥感影像解译图

6）1993—1994 年

冰情等级 2.5 级，辽东湾的初冰期为常年，终冰期较常年提前 10 天左右，严重冰期约 55 天；渤海湾和莱州湾的初冰期较常年略有提前，终冰期分别为常年和提前约 20 天（图 2.9）。

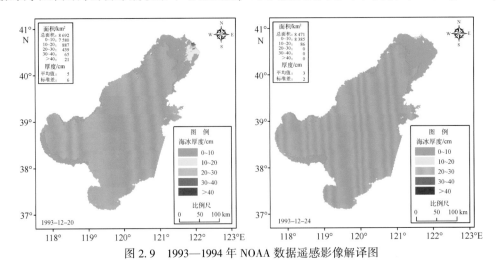

图 2.9　1993—1994 年 NOAA 数据遥感影像解译图

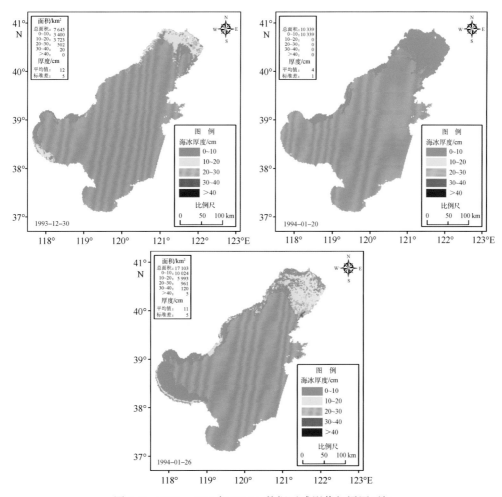

图 2.9 1993—1994 年 NOAA 数据遥感影像解译图(续)

7)1994—1995 年

冰情等级 1.5 级(图 2.10)。

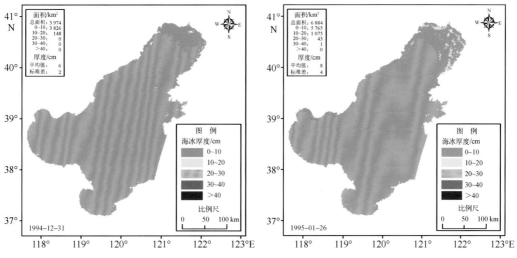

图 2.10 1994—1995 年 NOAA 数据遥感影像解译图

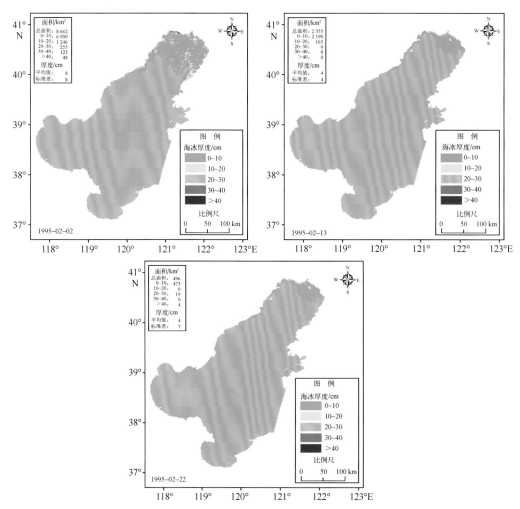

图 2.10 1994—1995 年 NOAA 数据遥感影像解译图(续)

8) 1995—1996 年

冰情等级 2.0 级(图 2.11)。

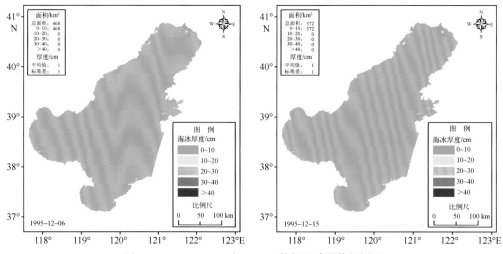

图 2.11 1995—1996 年 NOAA 数据遥感影像解译图

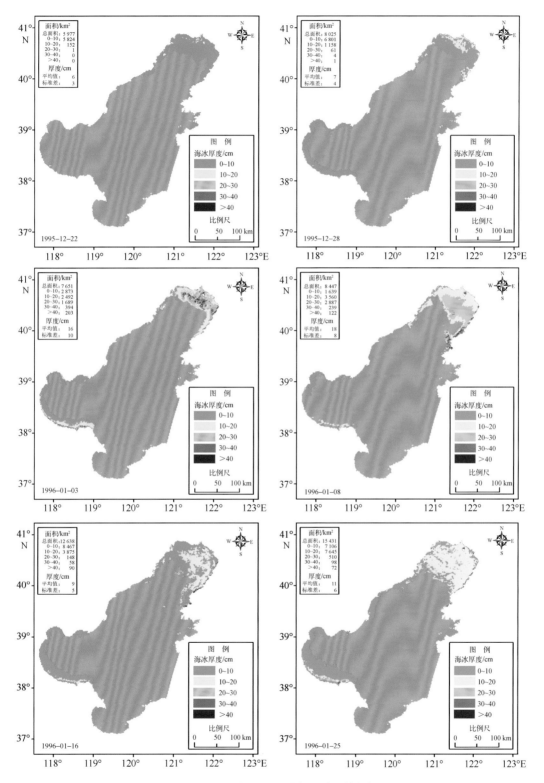

图 2.11　1995—1996 年 NOAA 数据遥感影像解译图(续)

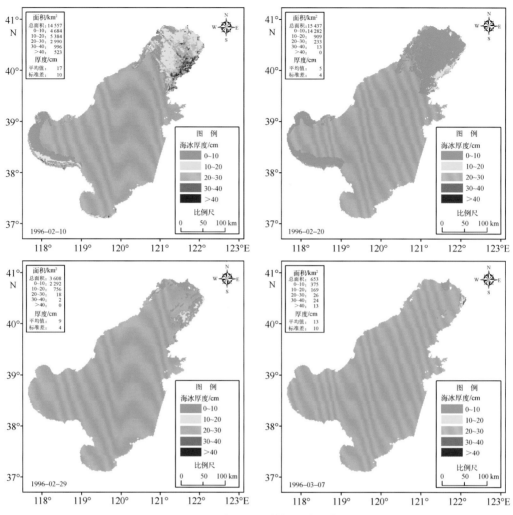

图 2.11　1995—1996 年 NOAA 数据遥感影像解译图(续)

9) 1996—1997 年

冰情等级 2.5 级(图 2.12)。

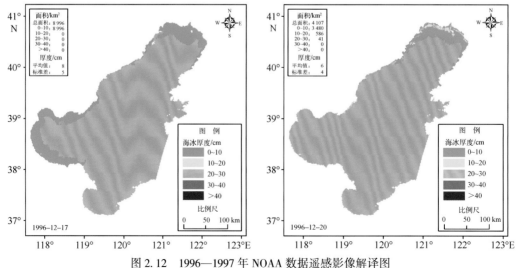

图 2.12　1996—1997 年 NOAA 数据遥感影像解译图

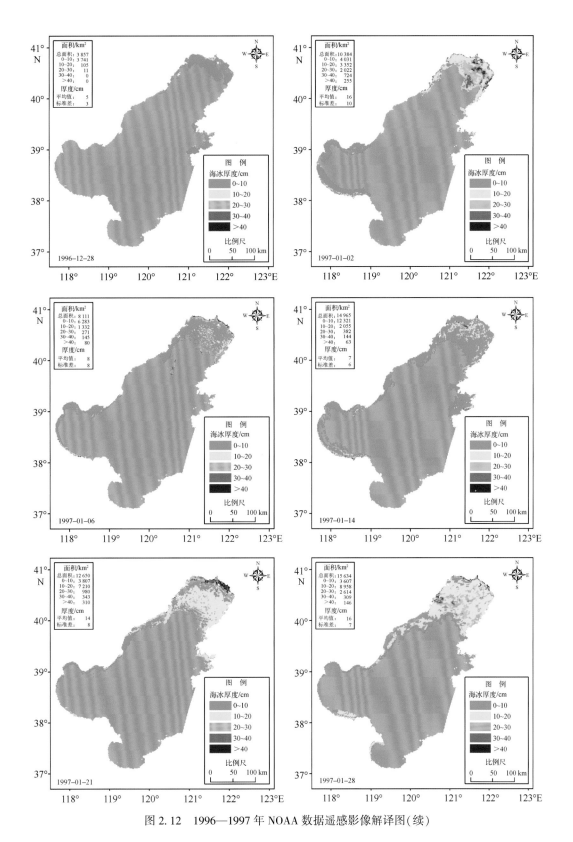

图 2.12　1996—1997 年 NOAA 数据遥感影像解译图(续)

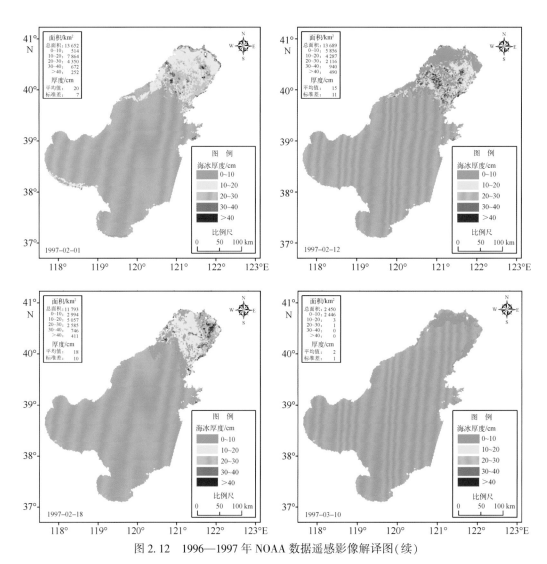

图 2.12　1996—1997 年 NOAA 数据遥感影像解译图(续)

10) 1997—1998 年

冰情等级 2.0 级(图 2.13)。

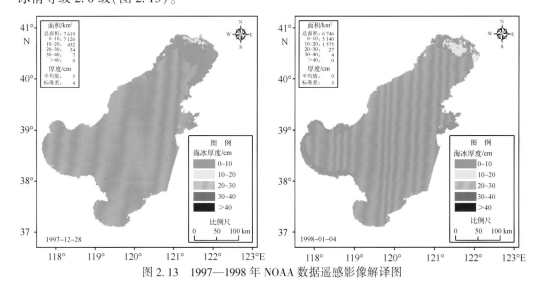

图 2.13　1997—1998 年 NOAA 数据遥感影像解译图

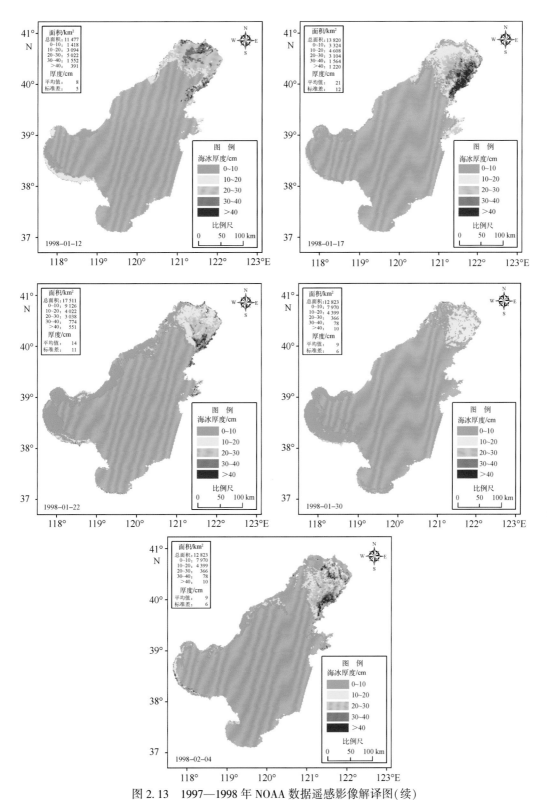

图 2.13　1997—1998 年 NOAA 数据遥感影像解译图(续)

11) 1998—1999 年

冰情等级 1.5 级(图 2.14)。

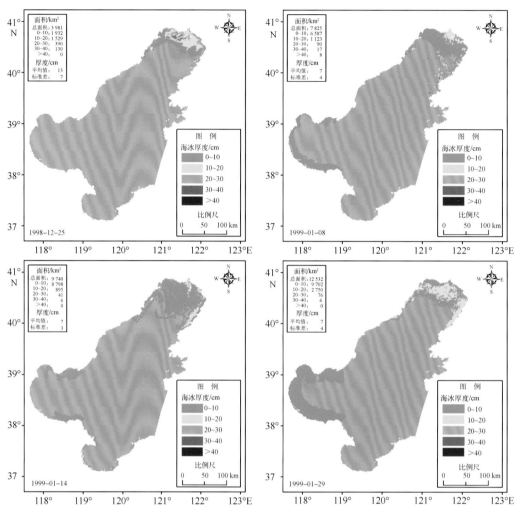

图 2.14　1998—1999 年 NOAA 数据遥感影像解译图

12) 1999—2000 年

冰情等级 3.0 级(图 2.15)。

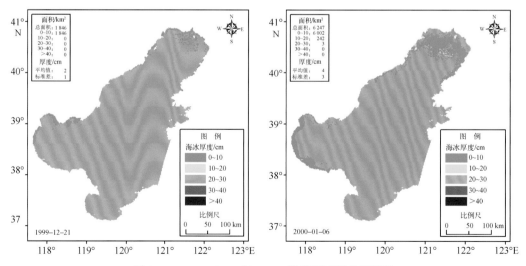

图 2.15　1999—2000 年 NOAA 数据遥感影像解译图

13）2000—2001 年

冰情等级 4.0 级。渤海和黄海北部冰情与常年相比明显偏重，是近 20 年来最重的一年（图 2.16）。

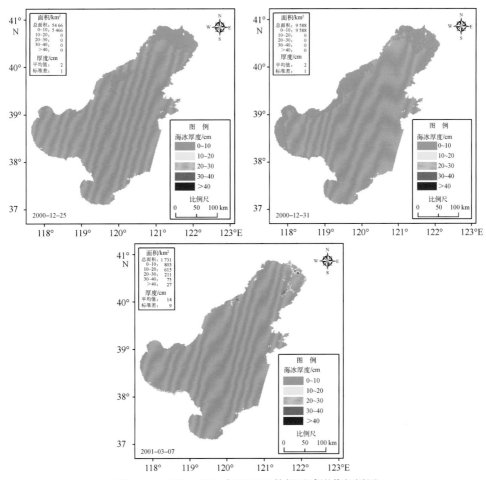

图 2.16　2000—2001 年 NOAA 数据遥感影像解译图

14）2001—2002 年

冰情等级 1.0 级（图 2.17）。

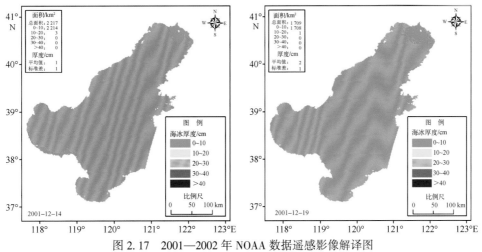

图 2.17　2001—2002 年 NOAA 数据遥感影像解译图

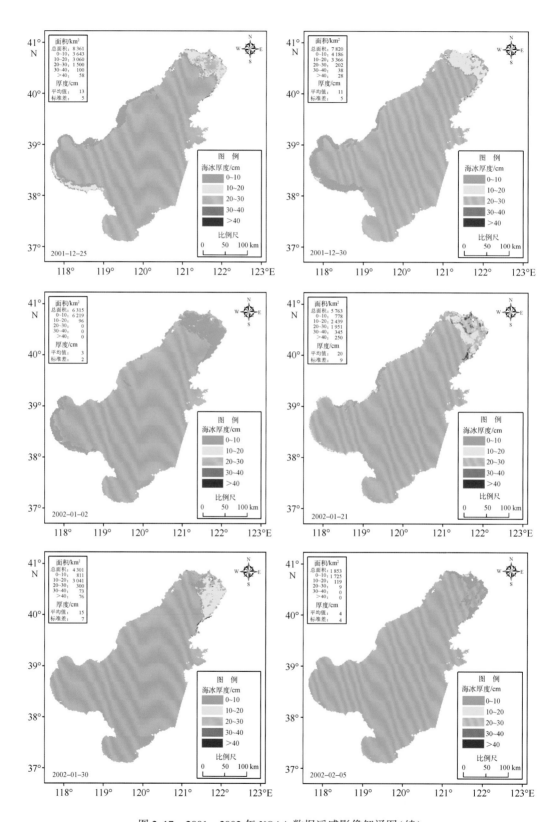

图 2.17　2001—2002 年 NOAA 数据遥感影像解译图(续)

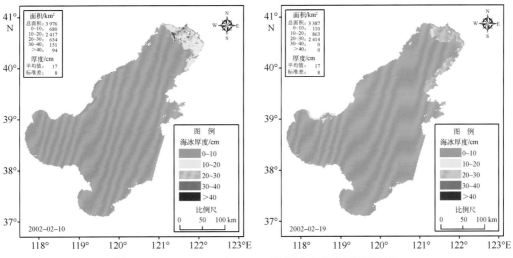

图 2.17 2001—2002 年 NOAA 数据遥感影像解译图(续)

15) 2002—2003 年

冰情等级 2.0 级(图 2.18)。

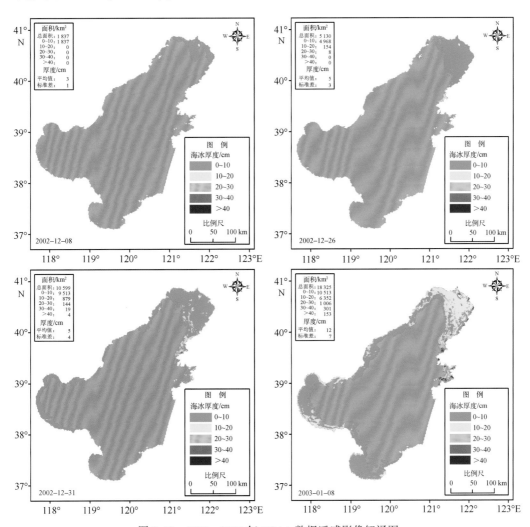

图 2.18 2002—2003 年 NOAA 数据遥感影像解译图

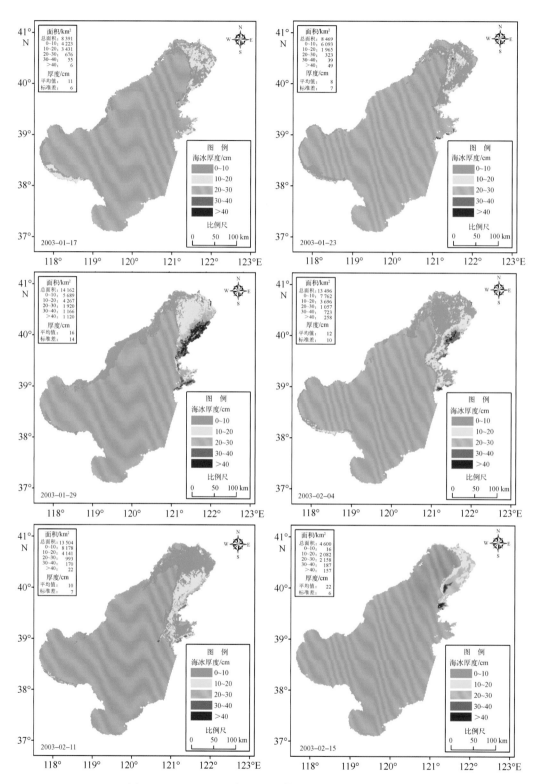

图 2.18　2002—2003 年 NOAA 数据遥感影像解译图(续)

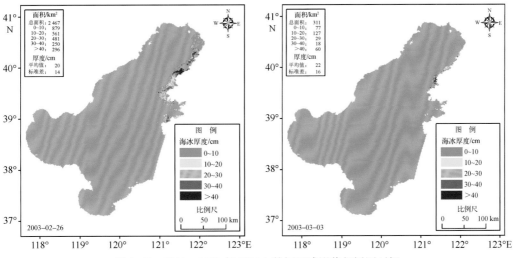

图 2.18　2002—2003 年 NOAA 数据遥感影像解译图(续)

16) 2003—2004 年

冰情等级 2.0 级(图 2.19)。

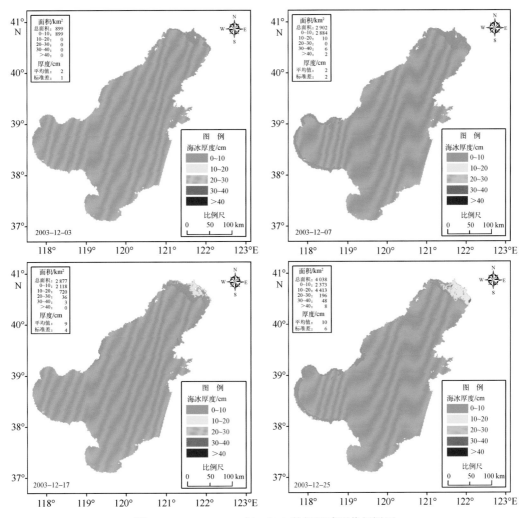

图 2.19　2003—2004 年 NOAA 数据遥感影像解译图

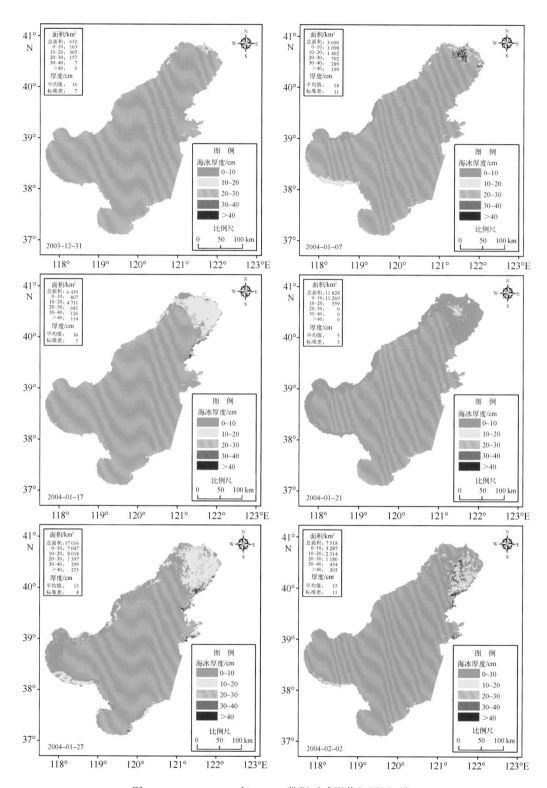

图 2.19　2003—2004 年 NOAA 数据遥感影像解译图(续)

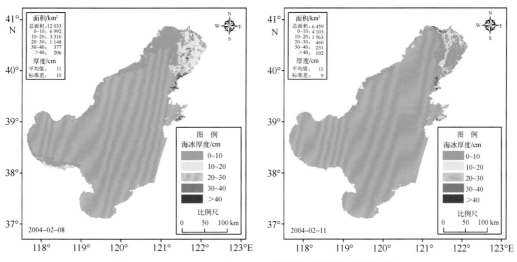

图 2.19　2003—2004 年 NOAA 数据遥感影像解译图(续)

17) 2004—2005 年

冰情等级 3.0 级(图 2.20)。

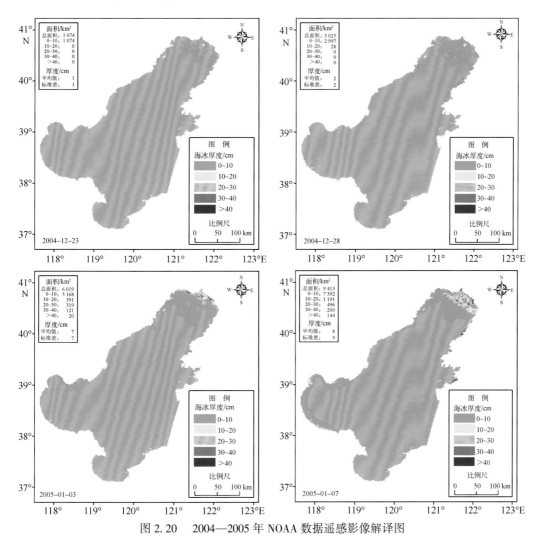

图 2.20　2004—2005 年 NOAA 数据遥感影像解译图

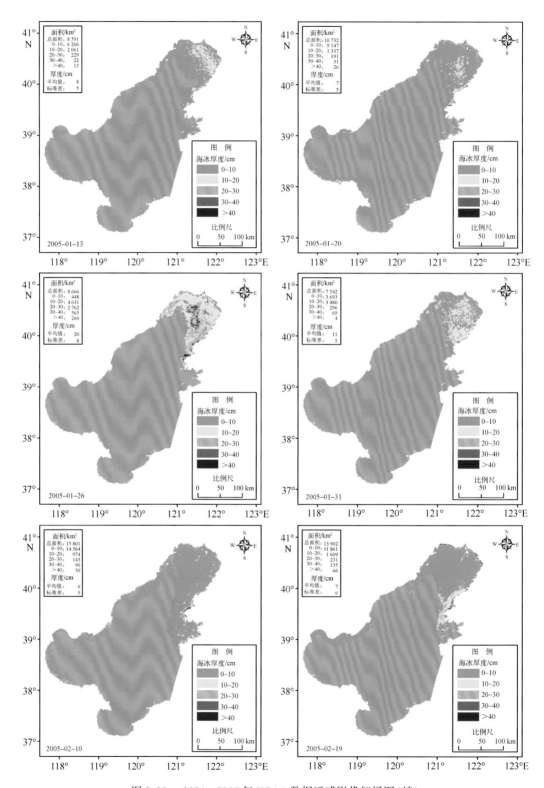

图 2.20　2004—2005 年 NOAA 数据遥感影像解译图(续)

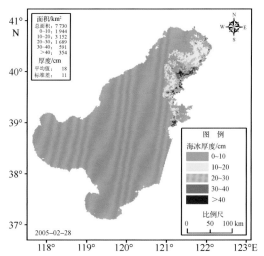

图 2.20 2004—2005 年 NOAA 数据遥感影像解译图(续)

18) 2005—2006 年

冰情等级 2.5 级(图 2.21)。

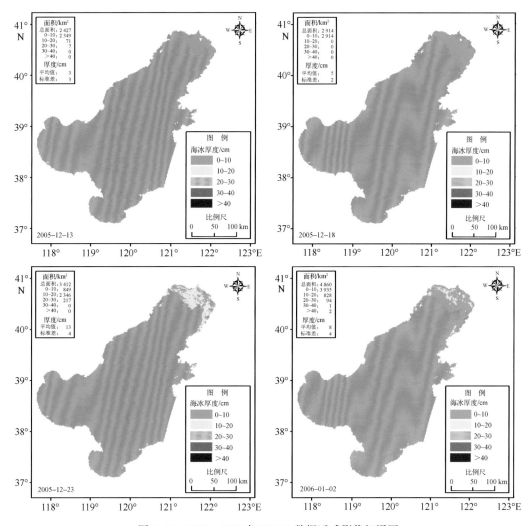

图 2.21 2005—2006 年 NOAA 数据遥感影像解译图

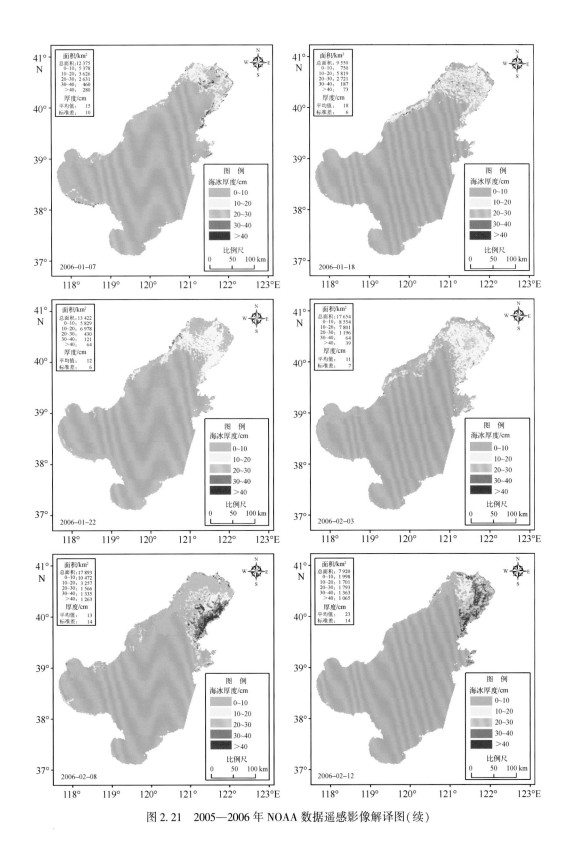

图 2.21 2005—2006 年 NOAA 数据遥感影像解译图(续)

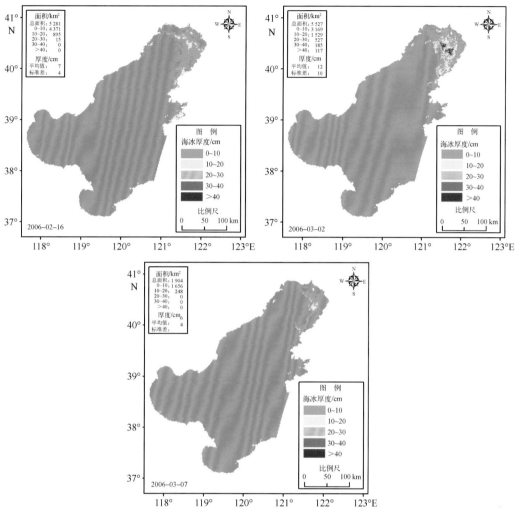

图 2.21　2005—2006 年 NOAA 数据遥感影像解译图(续)

19) 2006—2007 年

冰情等级 1.0 级(图 2.22)。

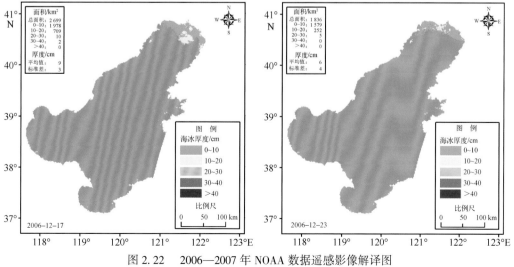

图 2.22　2006—2007 年 NOAA 数据遥感影像解译图

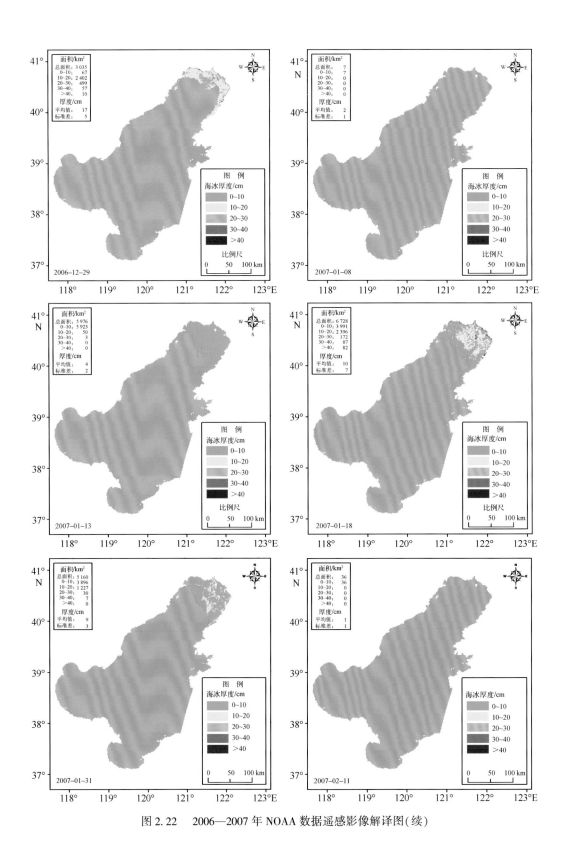

图 2.22　2006—2007 年 NOAA 数据遥感影像解译图(续)

20) 2007—2008 年

冰情等级 2.5 级(图 2.23)。

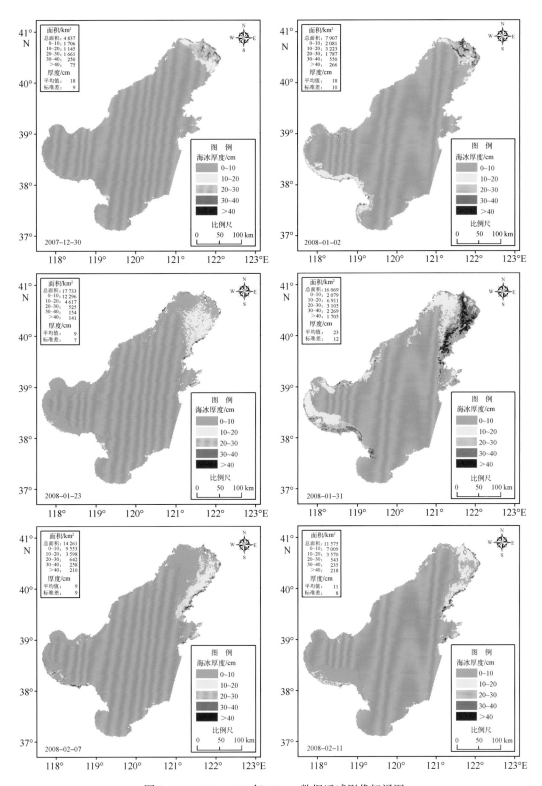

图 2.23　2007—2008 年 NOAA 数据遥感影像解译图

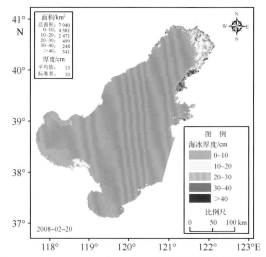

图 2.23　2007—2008 年 NOAA 数据遥感影像解译图(续)

21)2008—2009 年

冰情等级 2.5 级(图 2.24)。

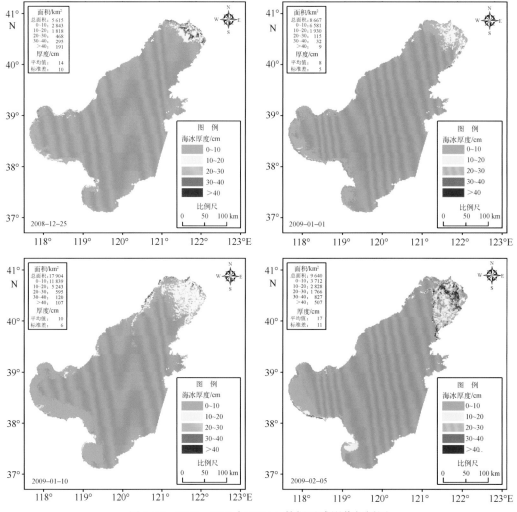

图 2.24　2008—2009 年 NOAA 数据遥感影像解译图

22) 2009—2010 年

冰情等级 3.5 级(图 2.25)。

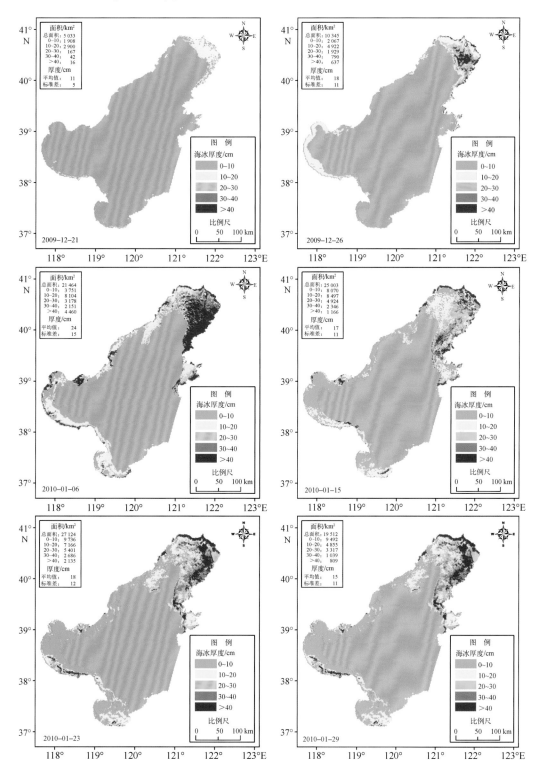

图 2.25　2009—2010 年 NOAA 数据遥感影像解译图

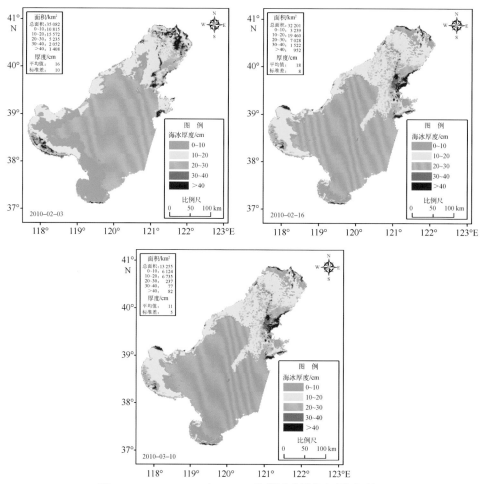

图 2.25　2009—2010 年 NOAA 数据遥感影像解译图(续)

2.5　MODIS 数据遥感影像解译图

1)2010—2011 年

冰情等级 3.5 级(图 2.26)。

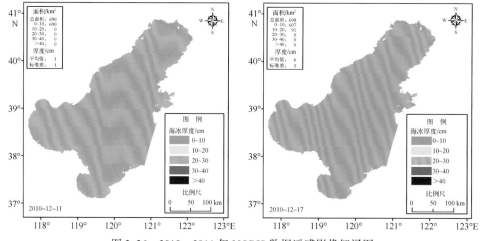

图 2.26　2010—2011 年 MODIS 数据遥感影像解译图

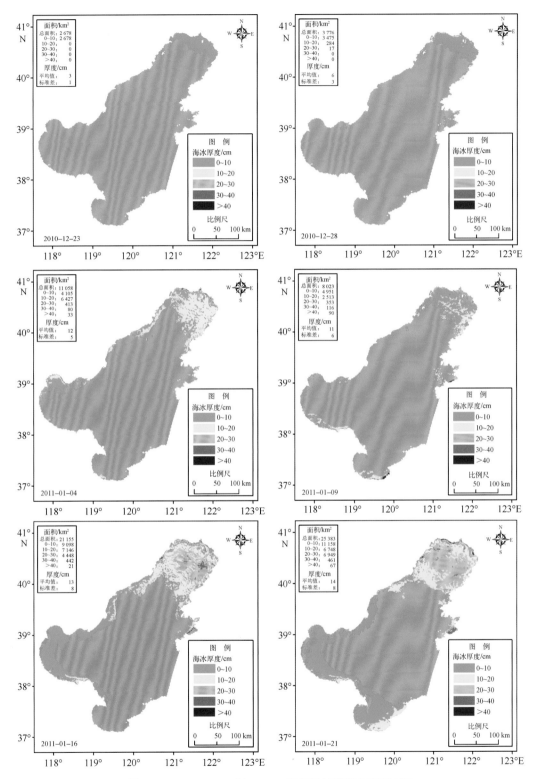

图 2.26　2010—2011 年 MODIS 数据遥感影像解译图(续)

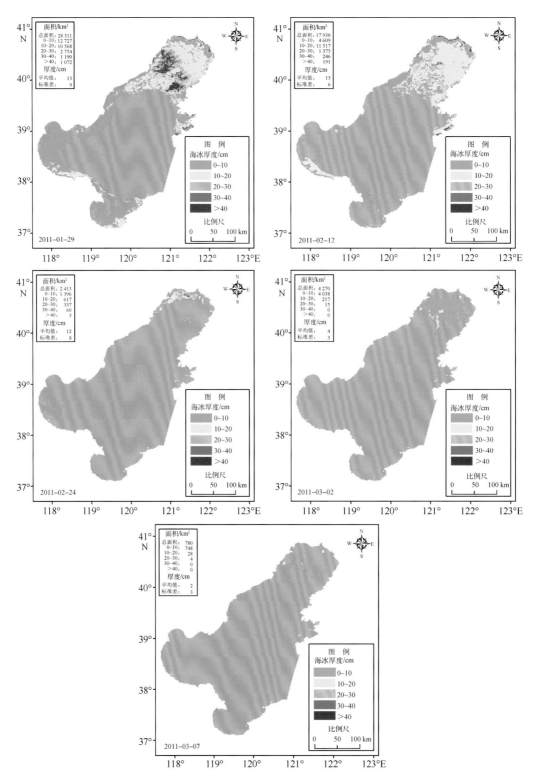

图 2.26　2010—2011 年 MODIS 数据遥感影像解译图(续)

2）2011—2012 年

冰情等级 3.0 级（图 2.27）。

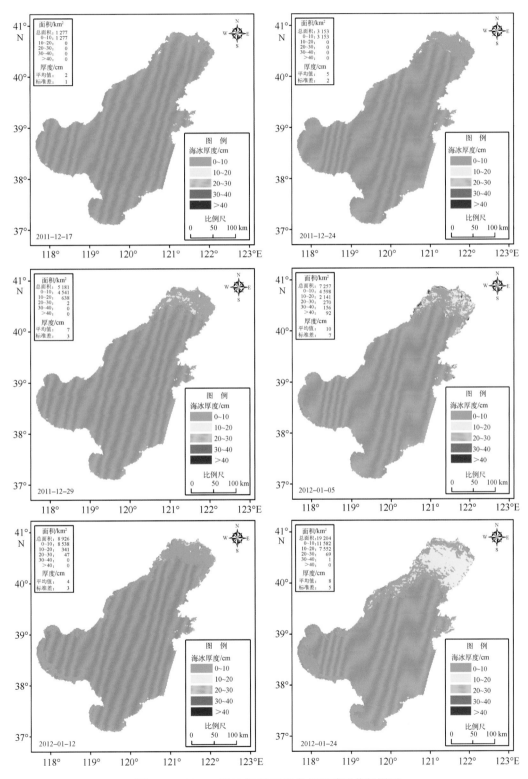

图 2.27　2011—2012 年 MODIS 数据遥感影像解译图

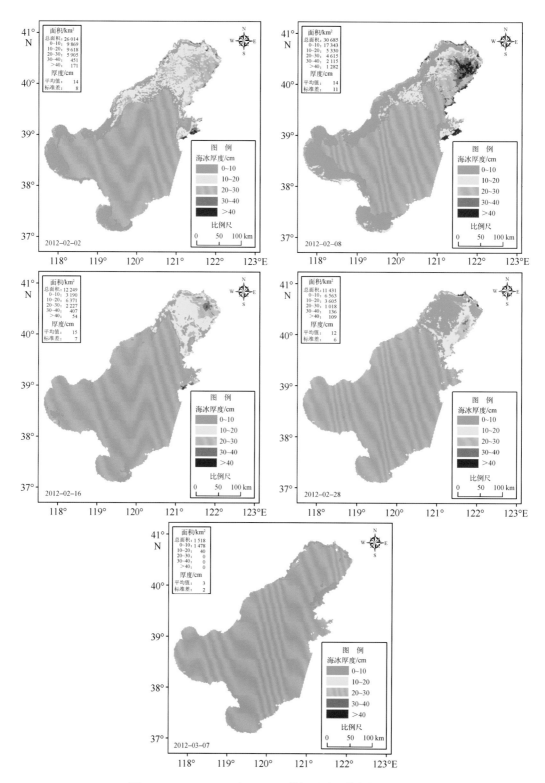

图 2.27　2011—2012 年 MODIS 数据遥感影像解译图(续)

参考文献

焦慧，2018. 基于 Landsat-8 数据和 MODIS 数据的渤海海冰信息提取 . 测绘与空间地理信息，41（5）：50-52.

刘森，邹斌，石立坚，等，2020. 基于 FY-3C 微波辐射计数据的极区海冰密集度反演方法研究 . 海洋学报，42（1）：113-122.

谢锋，2006. 高时间分辨率遥感影像中渤海海冰信息的提取研究 . 北京师范大学研究生院：18-69.

颜钰，徐粒，许映军，等，2017. 基于 MODIS 的渤海海冰资源量估算 . 资源科学，39（11）：2166-2175.

ALLISON I, BRANDT R E, WARREN S G, 1993. East Antarctic sea ice：albedo, thickness distribution, and snow cover. Journal of Geophysical Research, 98：12417-12429.

GRENFELL T C, 1983. A theoretical model of the optical properties of sea ice in the visible and near infrared. Journal of Geophysical Research, 88（C14）：9723-9735.

LI X, HUI F, CHENG X, et al., 2020. The spatio-temporal patterns of landfast ice in Antarctica during 2006-2011 and 2016-2017 using high-resolution SAR imagery. Remote Sensing of Environment, 242：111736.

PLOTNIKOV V, DUBINA V, VAKUL'SKAYA N, 2018. Estimation of sea ice drift on the Sea of Okhotsk shelves based on satellite data. Russian Meteorology and Hydrology, 43（12）：871-876.

SHIMODA H, FUKUE K, CHO K, et al., 1998. Development of a software package for ADEOS and NOAA data analysis, International Geosicence and Remote Sensing Symposium. IEEE：674-676.

SU H, WANG Y, 2012. Using MODIS data to estimate sea ice thickness in the Bohai Sea（China）in the 2009-2010 winter. Journal of Geophysical Research：Oceans, 117：C10018.

YUAN S, GU W, XU Y, et al., 2012. The estimate of sea ice resources quantity in the Bohai Sea based on NOAA/AVHRR data. Acta Oceanologica Sinica, 31（1）：33-40.

YUAN S, LIU C, LIU X, 2018. Practical model of sea ice thickness of Bohai Sea based on MODIS data. Chinese Geographical Science, 28（5）：863-872.

第 3 章　渤海海冰模型模拟方法及模拟图

受天气或卫星工作状况的影响，渤海海区的卫星遥感影像存在被云覆盖或缺测现象，由此使得基于遥感的渤海冰情日尺度数据集在时间序列上并不连续。为了弥补卫星遥感观测在时间尺度上的不足，作为海冰遥感解译图的补充，基于欧洲核心海洋模式（Nucleus for European Modelling of the Ocean，NEMO），构建渤海区域模式 NEMO-Bohai 对渤海海冰进行数值模拟，获得了长时间、连续性的渤海海冰时空变化信息，并绘制出渤海海冰模型模拟图。

3.1　NEMO 冰-海洋耦合模式简介

NEMO 是一个基于原始方程的用于海洋学、气候科学研究和海洋业务式预报的最新框架式模式，由欧洲地中海气候变化中心、法国国家科学研究中心、法国麦卡托海洋中心、英国气象局、英国自然环境研究理事会等科研机构共同开发维护。NEMO 具有成熟先进的物理参数化方案和数值计算算法，使其具有支持高分辨率、优良的负载均衡设计、并行 IO 技术和单双向多层嵌套等特点。NEMO v4.0 海洋模式主要由海洋动力学和热力学模块（NEMO-OCE）、海冰动力学和热力学模块（NEMO-ICE）以及海洋生物化学和示踪物传输模块（NEMO-TOP）3 个模块构成（NEMO System Team，2019）。与 NEMO v3.6 版本相比，2019 年 1 月更新的 NEMO v4.0 版本中的海冰模块由 SI^3 替代了早期的 LIM2/LIM3，集合了 CICE、GELATO 和 LIM 三种海冰模式（NEMO Sea Ice Working Group，2019）。

NEMO 是一个使用原始方程组的海洋数值模式，基于 Boussinesq 近似、自由海面、流体静力学等。海洋是一种可使用原始方程很好描述的流体，如纳维-斯托克斯方程，可将示踪物（温度和盐度）耦合到流体速度的非线性流体状态方程，加上以下其他假设：①地球近似球形：假设势能面为球形，因此重力（局部垂直方向）平行于地球半径；②薄壳近似：与地球半径相比，海洋深度被忽略；③湍流闭合假说：湍流（代表小规模过程对大尺度的影响）用大尺度特征表示；④Boussinesq 近似：密度变化除对浮力的贡献外均被忽略；⑤流体静力学假设：将垂直动量方程简化为垂直压力梯度和浮力之间的平衡；⑥不可压缩性：速度矢量的三维发散度假定为零。在三维空间直角坐标系（i，j，k）向量系统中，原始方程的向量不变形式提供了以下六个方程，即动量平衡方程、静水平衡方程、不可压缩方程、温度守恒方程、盐度守恒方程及密度方程（NEMO System Team，2019）：

$$\frac{\partial Uh}{\partial t} = -\left[(\nabla \times \boldsymbol{U}) \times \boldsymbol{U} + \frac{1}{2}\nabla(\boldsymbol{U}^2)\right]_h - fk \times \boldsymbol{U}_h - \frac{1}{\rho_0}\nabla_h p + D^U + F^U \qquad (3-1)$$

$$\frac{\partial p}{\partial z} = -\rho g \qquad (3-2)$$

$$\nabla \cdot \boldsymbol{U} = 0 \qquad (3-3)$$

$$\frac{\partial T}{\partial t} = -\nabla \cdot (\boldsymbol{TU}) + D^T + F^T \qquad (3-4)$$

$$\frac{\partial S}{\partial t} = -\nabla \cdot (\boldsymbol{SU}) + D^S + F^S \qquad (3-5)$$

$$\rho = \rho(T, S, p) \qquad (3-6)$$

式中，$\boldsymbol{U}$ 为速度矢量，$\boldsymbol{U}=\boldsymbol{U}_h+w\boldsymbol{k}$[下标 h 表示例如在$(\boldsymbol{i}, \boldsymbol{j})$平面上的局地水平矢量]；$T$ 为位温；S 为盐度；ρ 为现场密度；ρ_0为参考密度；p 为压强；g 为重力加速度；t 为时间；z 为垂直坐标；f 为科氏参数，即地球角速度矢量；∇为$(\boldsymbol{i}, \boldsymbol{j}, \boldsymbol{k})$方向上的广义导数矢量算子；$D^U$、$D^T$ 和 D^S 为小尺度过程引起的动量、温度和盐度变化参数项；F^U、F^T 和 F^S 则分别为动量、温度和盐度表面强迫项。

海洋边界由复杂的海岸线、海底地形和顶部的气-海或冰-海界面构成。通过这些边界，海洋可以与固体地球、大陆边缘、海冰和大气等交换热通量、淡水、盐和动能等。陆-海界面，即大陆边缘与海洋之间主要的通量通过河流流入的大量淡水进行交换，这一交换改变了海表盐度，特别是在河口附近海域。固体地球与海洋界面的交换则主要通过海底的热量和盐分交换进行，而这一通量很小，通常在模式计算中可忽略不计，因此该边界条件设置为没有热量和盐分通过固体地球边界。对动量而言，情况则有所不同，不存在跨固体边界的流动，即垂直于海底和海岸线的速度为零。运动学边界条件因此可表示为(NEMO System Team，2019)

$$w = -\boldsymbol{U}_h \cdot \nabla_h(H) \qquad (3-7)$$

式中，w 为垂直方向速度；H 为海底深度。此外，海洋通过摩擦与地球交换动量，这种动量传递在边界层中小规模发生。因此必须根据湍流使用底部和/或横向边界条件对其进行参数化。

大气-海洋界面的边界条件则是运动表面条件加上降水质量通量(降水量减去蒸发量)，具体见式(3-8)(NEMO System Team，2019)：

$$w = \frac{\partial \eta}{\partial t} + U_h\big|_{z=\eta} \cdot \nabla_h(\eta) + P - E \qquad (3-8)$$

式中，w 为垂直方向速度；η 为海面高度；P 为降水量；E 为蒸发量。大气-海洋动态边界条件忽略了表面张力，使得气-海界面在 $z=\eta$ 上压力连续。

冰-海洋界面则主要进行海冰与海洋间的热量、盐分、淡水和动量的交换。海表温度被限制在临界冰点以上。与海水盐度(约34)相比，海冰的盐度非常低(约4~6)。冻结/融化的循环过程以及淡水入流作用不容忽视。图3.1显示了基于全球模式模拟结果插值的渤海初始海表面温度场和海表面盐度场。

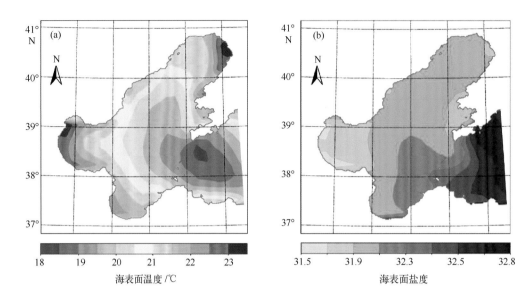

图 3.1　基于全球模式模拟结果插值的渤海初始海表面温度场(a)和海表面盐度场(b)

　　渤海区域模式(NEMO-Bohai)是基于 NEMO 海洋模式和 SI³ 海冰模式的冰－海耦合模式,其中渤海区域海洋模式使用运行稳定的 4.0 beta 版本。

　　渤海区域模式的构建首先需确定计算域,渤海计算域包括 36.9195°—41.0866° N,117.195°—122.506°E。本研究使用 NEMO 自带的 SIREN 工具划分渤海计算域内网格,共划分 204×244 累计 49 776 个网格。NEMO 网格的类型为 Arakawa-C, Arakawa-C 网格可视为一长方体,其中 T 为网格的中心,水位、温度、盐度、密度等标量数据取在 T 点; U 为长方体东西面的中心,是 U 动量变量的格点位置; V 则为南北面的中心,是 V 动量变量的格点位置。NEMO-Bohai 网格的水平分辨率为 0.025°,对应的空间分辨率取决于所在位置,空间分辨率约为 2 km。

　　作者将 NOAA 国家环境信息中心提供的 ETOPO1 全球地形高程数据插值到渤海计算域内。ETOPO1 数据精度为 1′,全球数据包含 21 601×10 801 个格点(下载网址为 https://ngdc.noaa.gov/mgg/global/global.html),高程数据单位为 m,水平基准选用 WGS84 大地水准面。本章选用 NEMO 自带的 SOSIE 工具进行地形插值,从而获得目标网格划分,其中插值法选用 Akima 法。Akima 插值方法除需考虑两个实测值之外,还考虑了两个实测点近邻四个测点的值,即使用该方法进行插值一共需要 6 个测点数值。该插值方法考虑了要素导数的效应,所得插值曲线是平滑的。插值过程主要是基于上文所得渤海的计算域网格文件(bohai_coord.nc)作为目标文件,将 ETOPO1 数据文件作为源文件通过 Akima 插值到渤海研究区的网格上而得。

　　海表面温度的变化与海冰的生成和发展有较大联系,通过冰－海耦合模式(NEMO-Bohai 模式)模拟,图 3.2 显示了渤海 1996—2017 年累年逐月平均海表面温度分布变化。

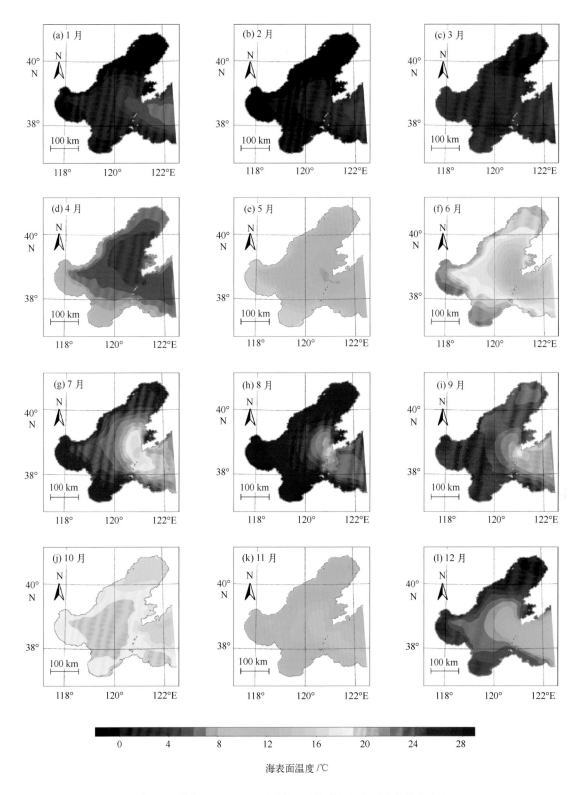

图 3.2　渤海 1996—2017 年累年逐月平均海表面温度分布变化

3.2 渤海海冰模型模拟图

鉴于本图集的篇幅限制，基于 NEMO-Bohai 模式的渤海海冰模型模拟图以旬平均为时间尺度绘制。

1) 1995—1996 年

冰情等级 2.0 级(图 3.3)。

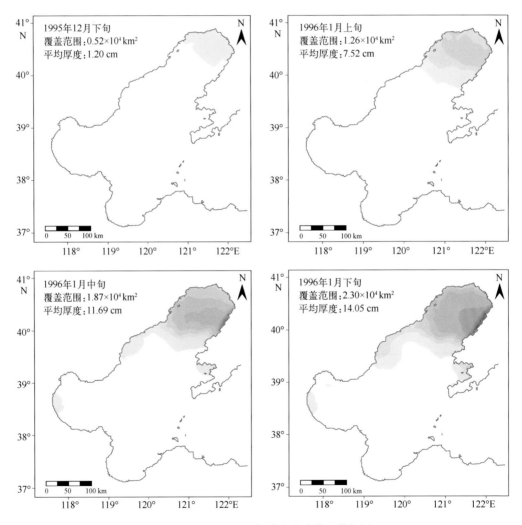

图 3.3 1995—1996 年渤海海冰模型模拟图

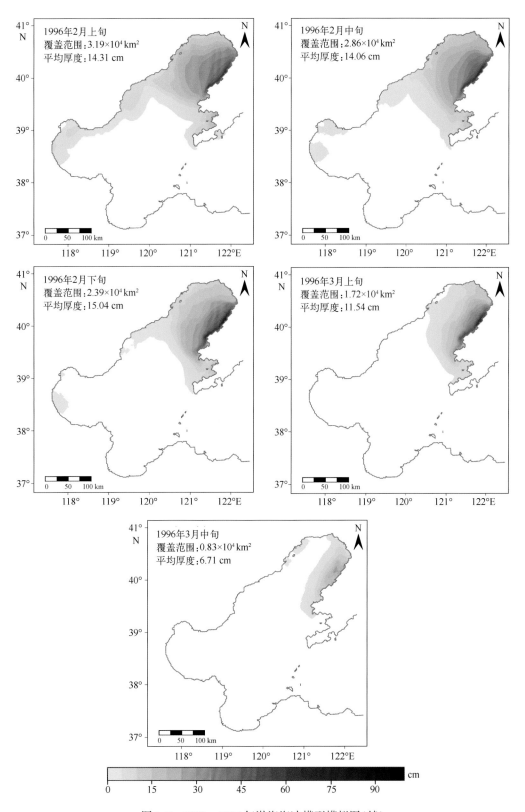

图 3.3 1995—1996 年渤海海冰模型模拟图(续)

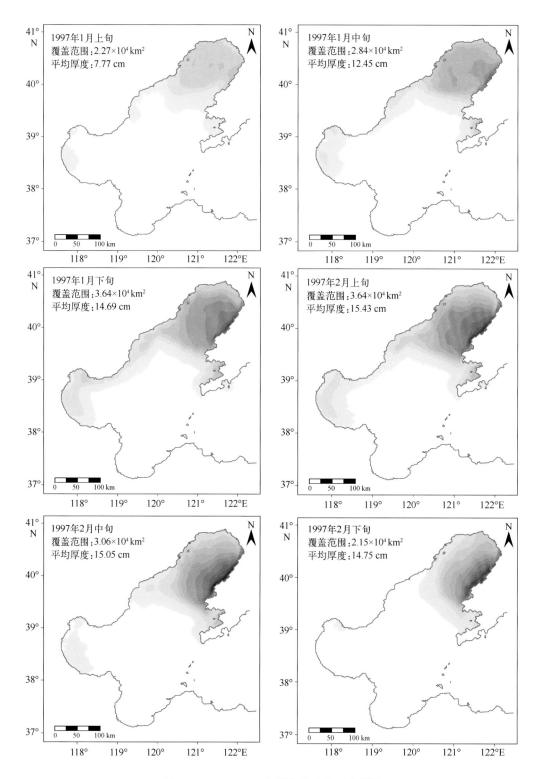

2）1996—1997 年

冰情等级 2.5 级（图 3.4）。

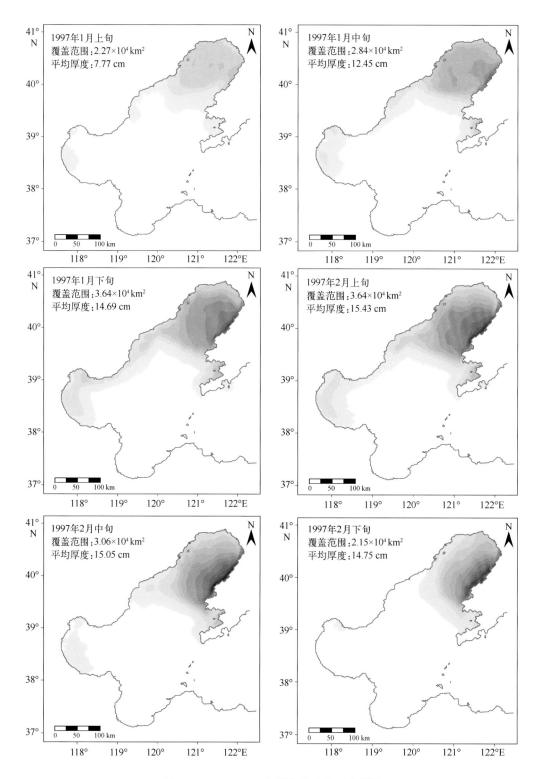

图 3.4　1996—1997 年渤海海冰模型模拟图

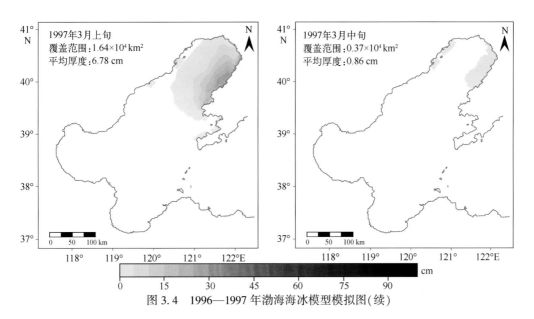

图 3.4　1996—1997 年渤海海冰模型模拟图(续)

3) 1997—1998 年

冰情等级 2.0 级(图 3.5)。

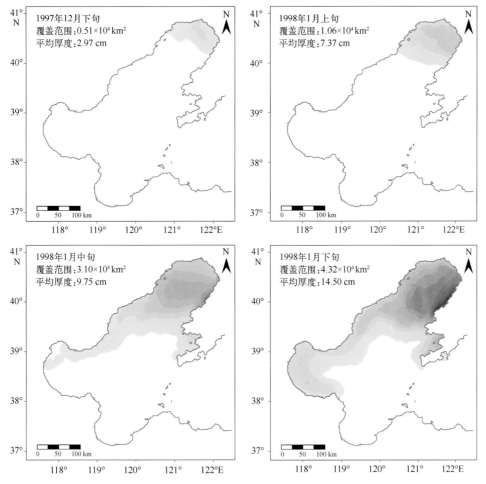

图 3.5　1997—1998 年渤海海冰模型模拟图

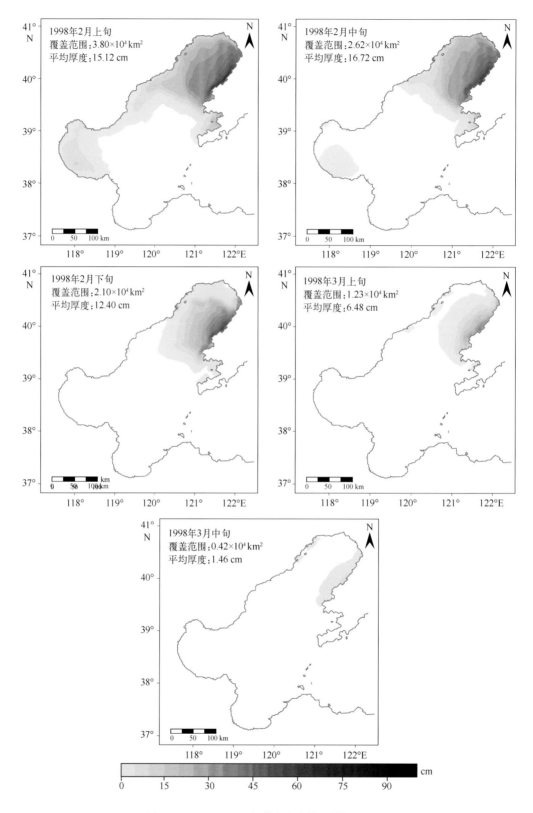

图 3.5　1997—1998 年渤海海冰模型模拟图(续)

4) 1998—1999 年

冰情等级 1.5 级(图 3.6)。

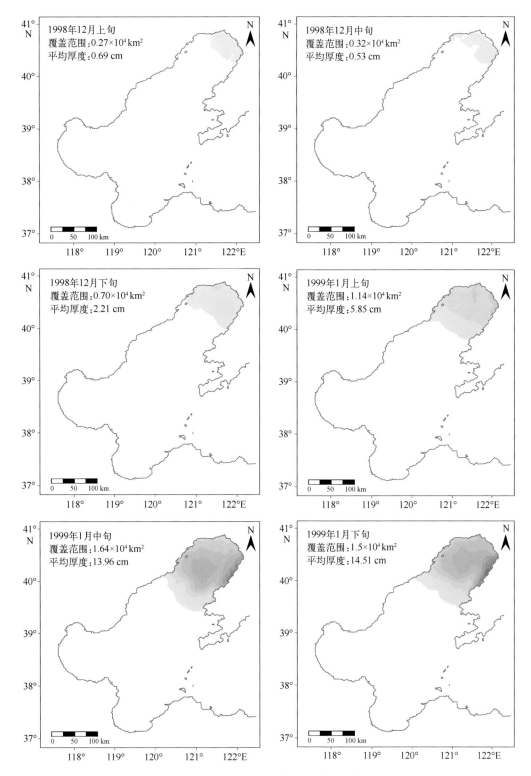

图 3.6　1998—1999 年渤海海冰模型模拟图

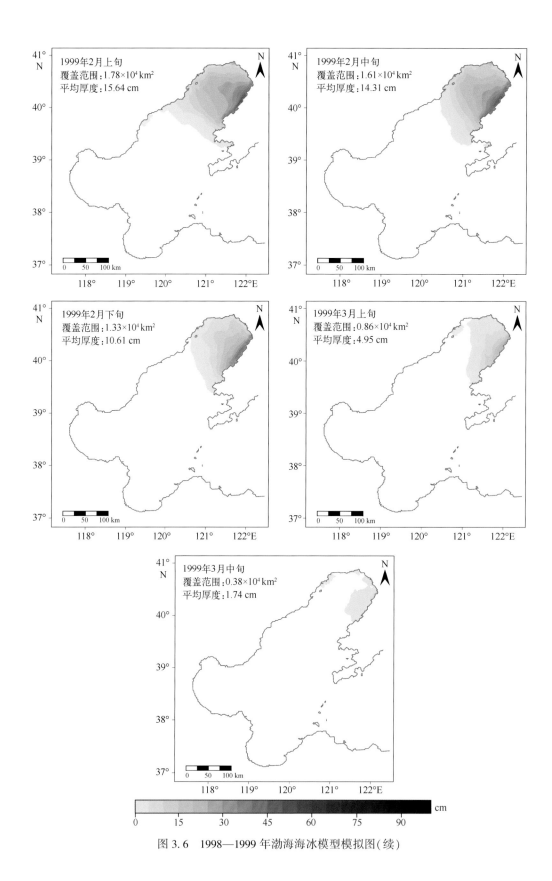

图3.6 1998—1999年渤海海冰模型模拟图(续)

5）1999—2000 年

冰情等级 3.0 级（图 3.7）。

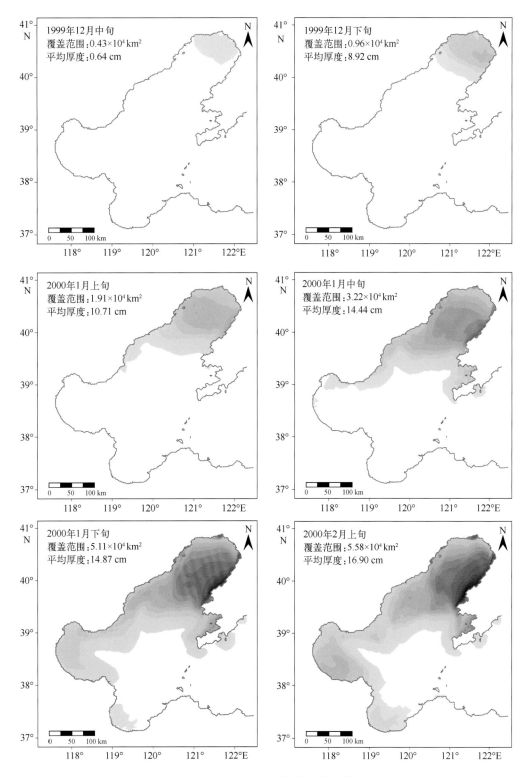

图 3.7　1999—2000 年渤海海冰模型模拟图

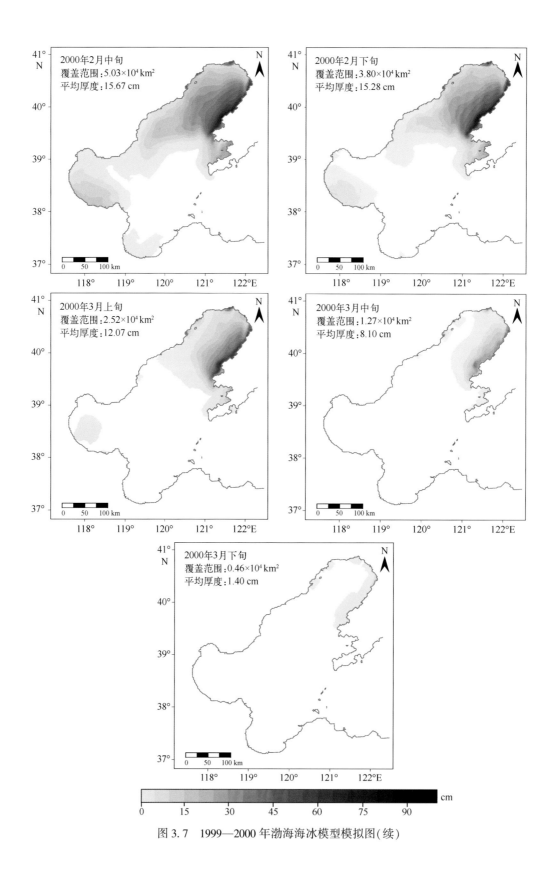

图 3.7　1999—2000 年渤海海冰模型模拟图(续)

6）2000—2001 年

冰情等级 4.0 级（图 3.8）。

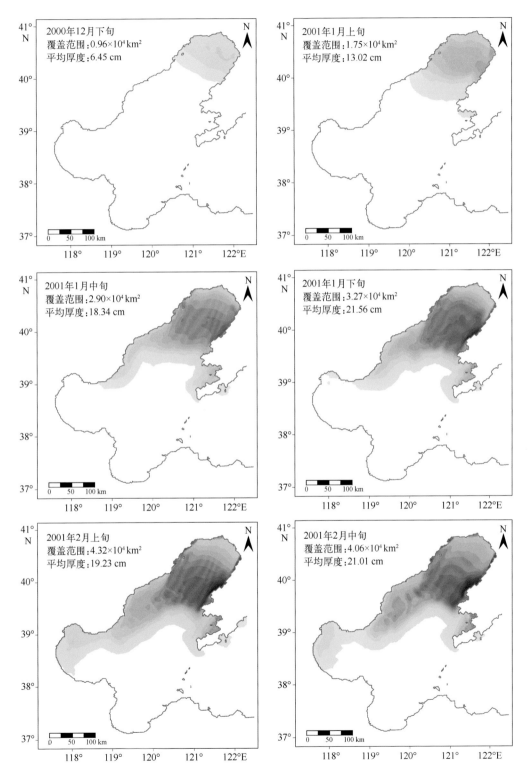

图 3.8 2000—2001 年渤海海冰模型模拟图

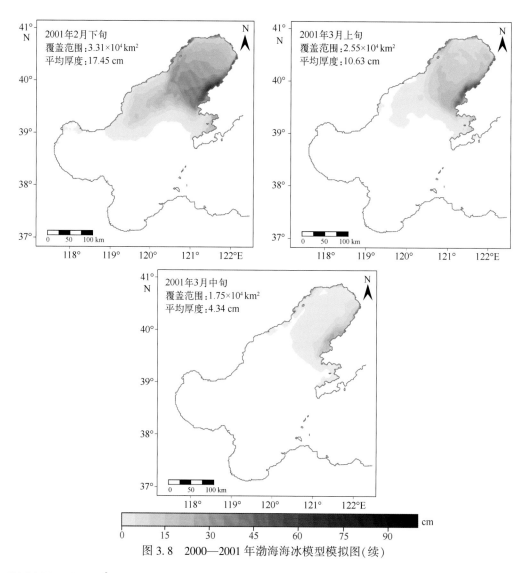

图 3.8　2000—2001 年渤海海冰模型模拟图（续）

7）2001—2002 年

冰情等级 1.0 级（图 3.9）。

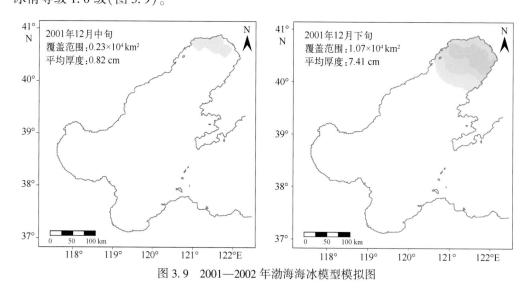

图 3.9　2001—2002 年渤海海冰模型模拟图

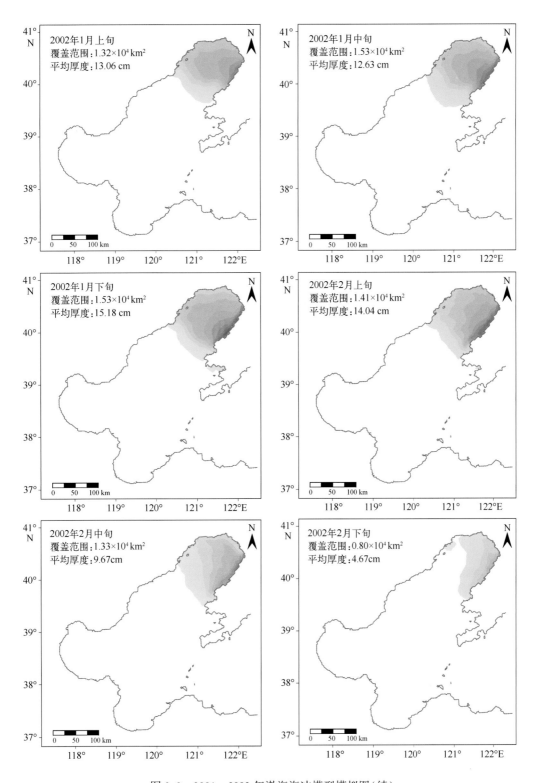

图 3.9　2001—2002 年渤海海冰模型模拟图(续)

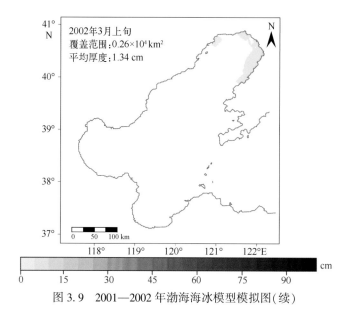

图 3.9　2001—2002 年渤海海冰模型模拟图(续)

8) 2002—2003 年

冰情等级 2.0 级(图 3.10)。

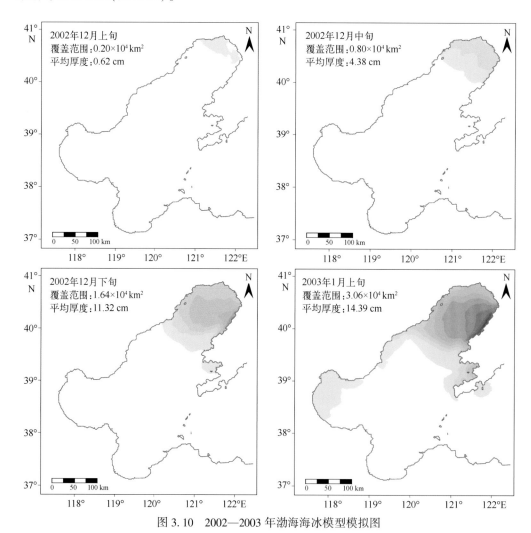

图 3.10　2002—2003 年渤海海冰模型模拟图

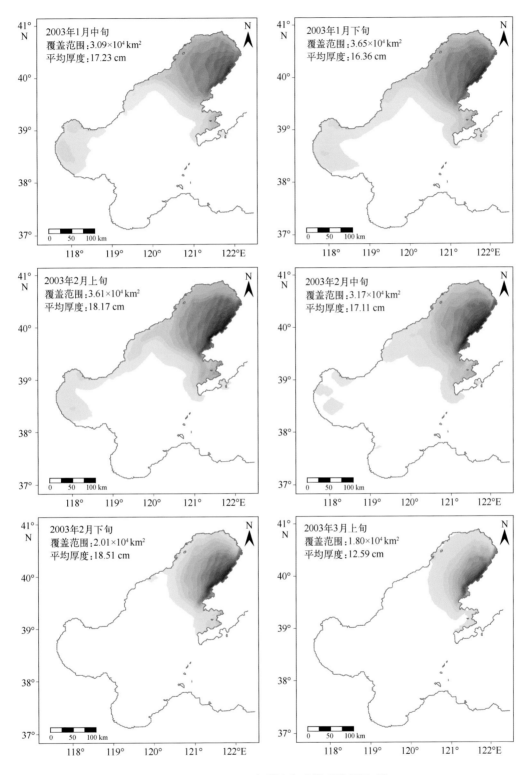

图 3.10　2002—2003 年渤海海冰模型模拟图(续)

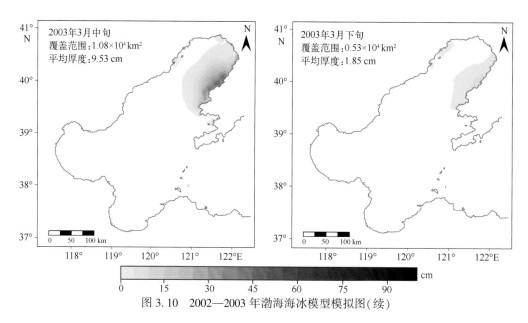

图 3.10　2002—2003 年渤海海冰模型模拟图(续)

9) 2003—2004 年

冰情等级 2.0 级(图 3.11)。

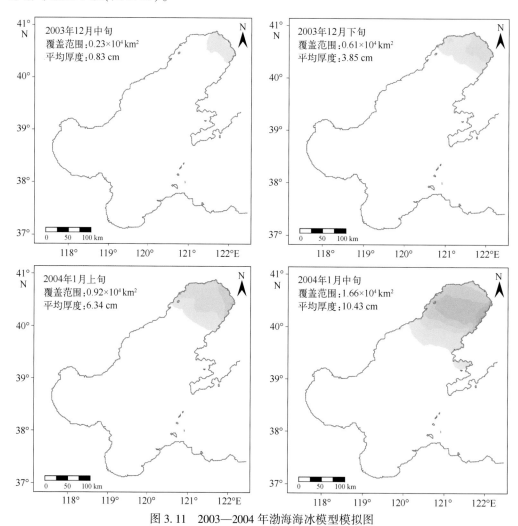

图 3.11　2003—2004 年渤海海冰模型模拟图

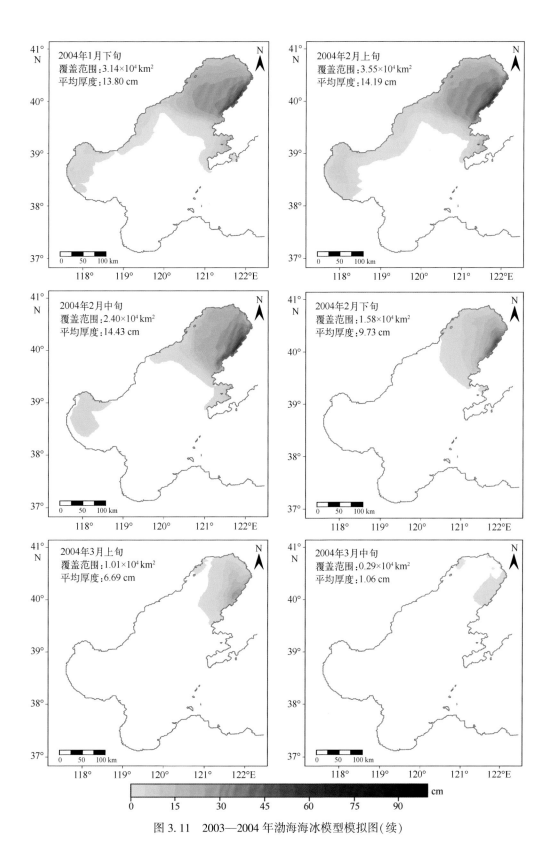

图 3.11　2003—2004 年渤海海冰模型模拟图(续)

10) 2004—2005 年

冰情等级 3.0 级(图 3.12)。

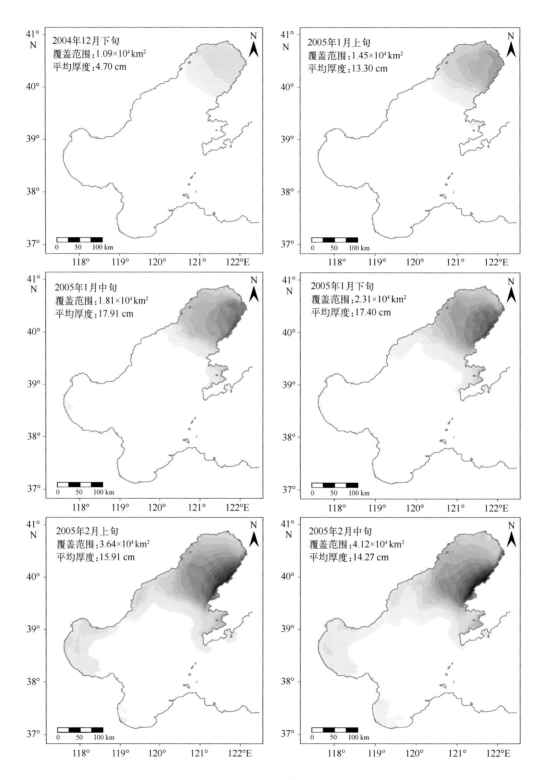

图 3.12 2004—2005 年渤海海冰模型模拟图

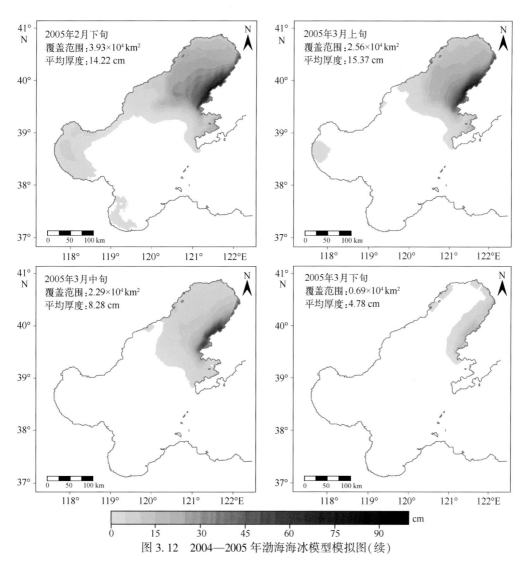

图 3.12　2004—2005 年渤海海冰模型模拟图(续)

11) 2005—2006 年

冰情等级 2.5 级(图 3.13)。

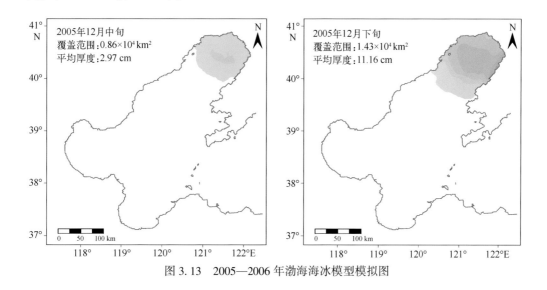

图 3.13　2005—2006 年渤海海冰模型模拟图

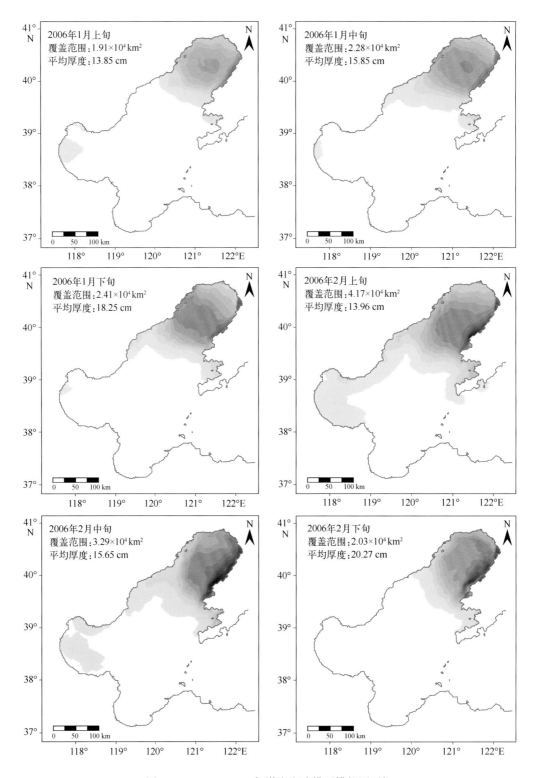

图 3.13　2005—2006 年渤海海冰模型模拟图(续)

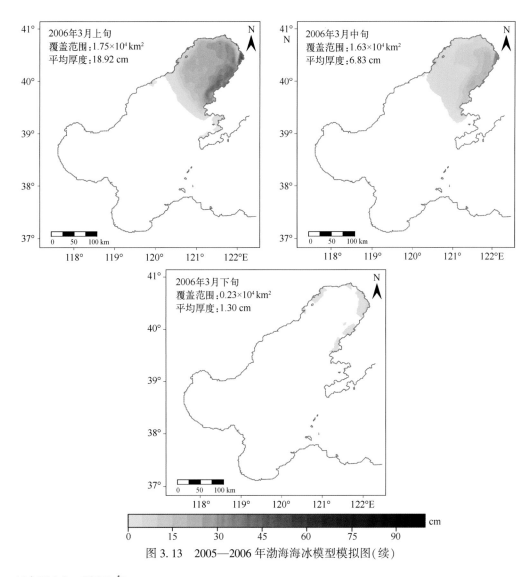

图 3.13　2005—2006 年渤海海冰模型模拟图(续)

12) 2006—2007 年

冰情等级 1.0 级(图 3.14)。

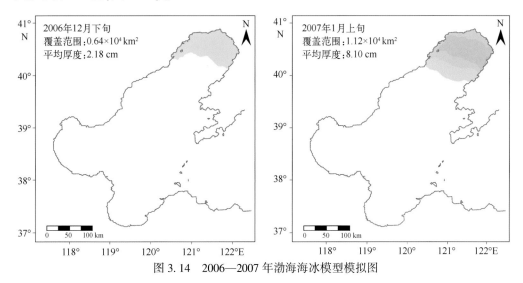

图 3.14　2006—2007 年渤海海冰模型模拟图

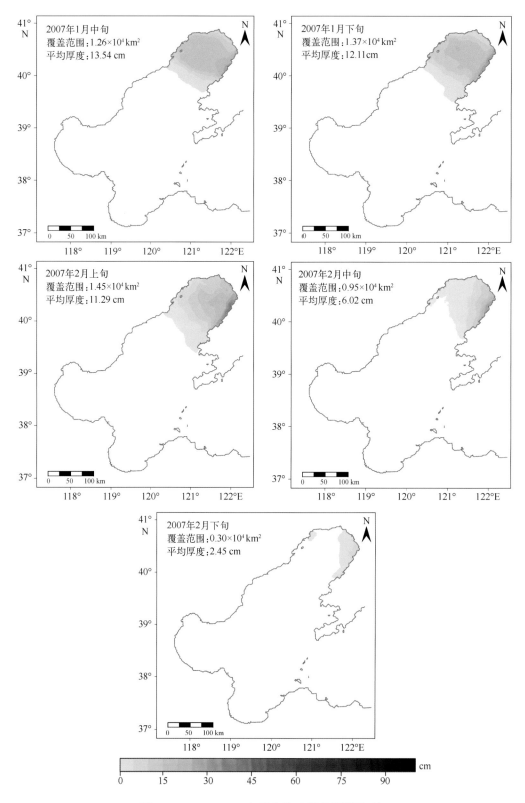

图 3.14 2006—2007 年渤海海冰模型模拟图(续)

13）2007—2008 年

冰情等级 2.5 级（图 3.15）。

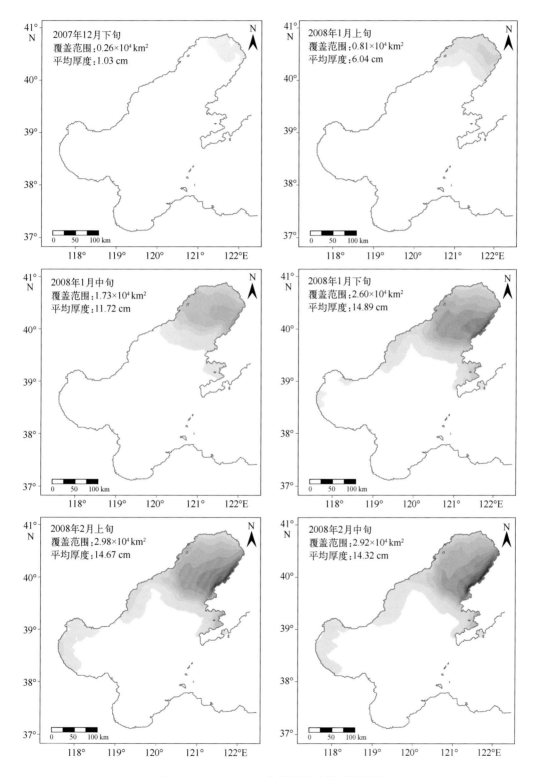

图 3.15　2007—2008 年渤海海冰模型模拟图

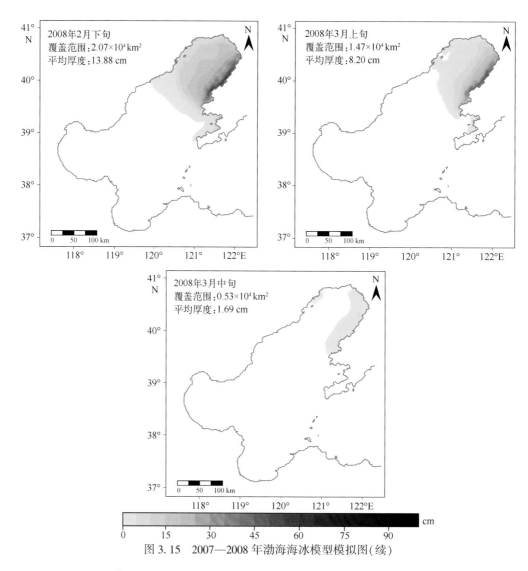

图 3.15　2007—2008 年渤海海冰模型模拟图(续)

14) 2008—2009 年

冰情等级 2.5 级(图 3.16)。

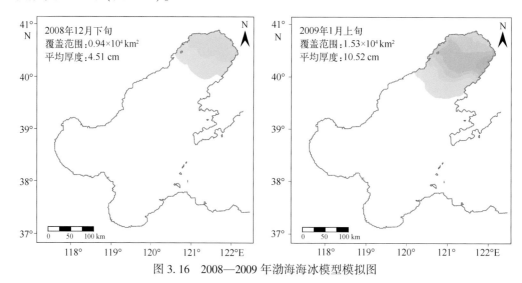

图 3.16　2008—2009 年渤海海冰模型模拟图

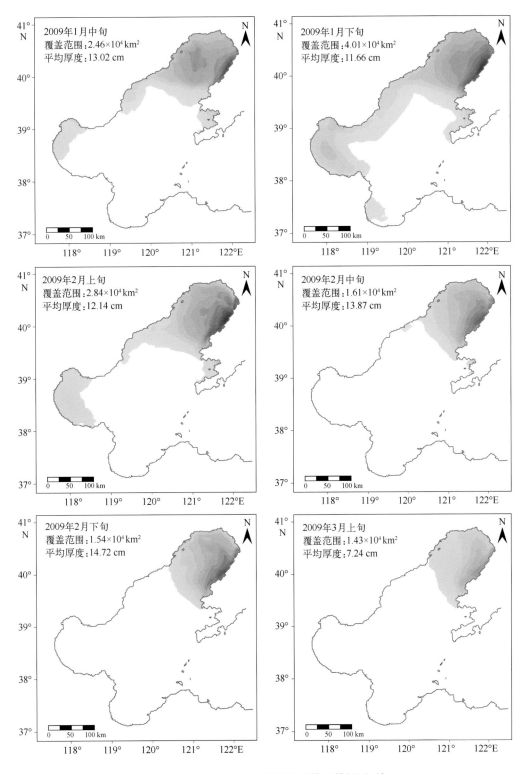

图 3.16　2008—2009 年渤海海冰模型模拟图(续)

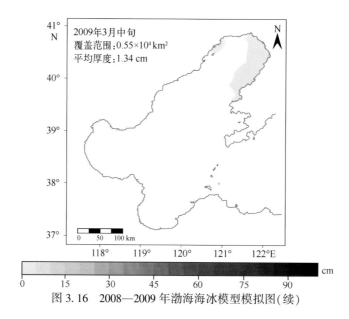

图 3.16　2008—2009 年渤海海冰模型模拟图(续)

15) 2009—2010 年

冰情等级 3.5 级(图 3.17)。

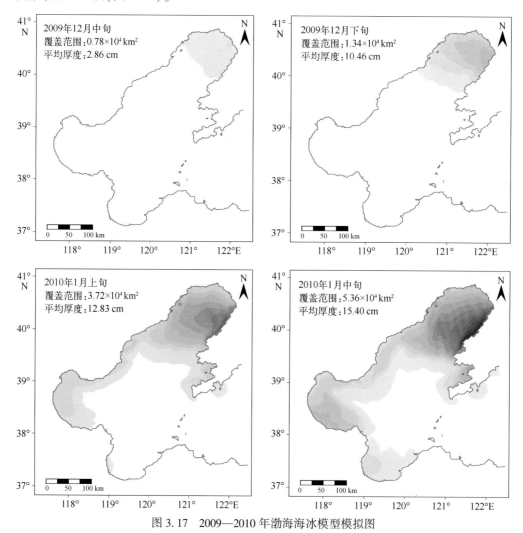

图 3.17　2009—2010 年渤海海冰模型模拟图

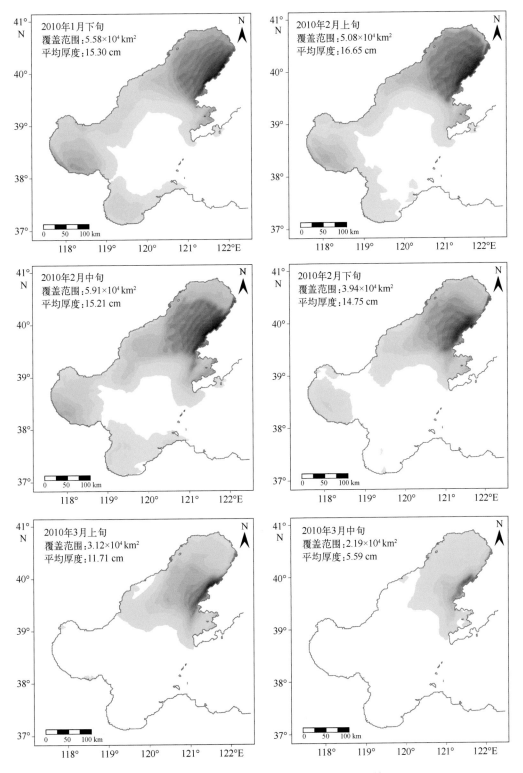

图 3.17　2009—2010 年渤海海冰模型模拟图（续）

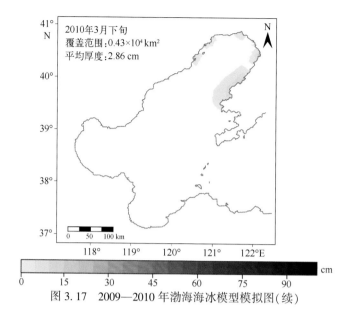

图 3.17　2009—2010 年渤海海冰模型模拟图(续)

16) 2010—2011 年

冰情等级 3.0 级(图 3.18)。

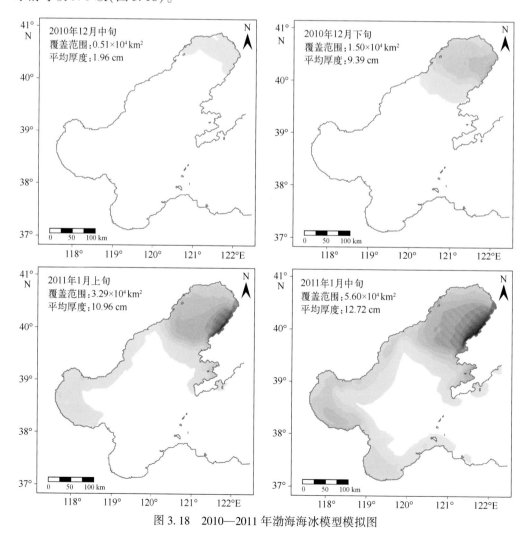

图 3.18　2010—2011 年渤海海冰模型模拟图

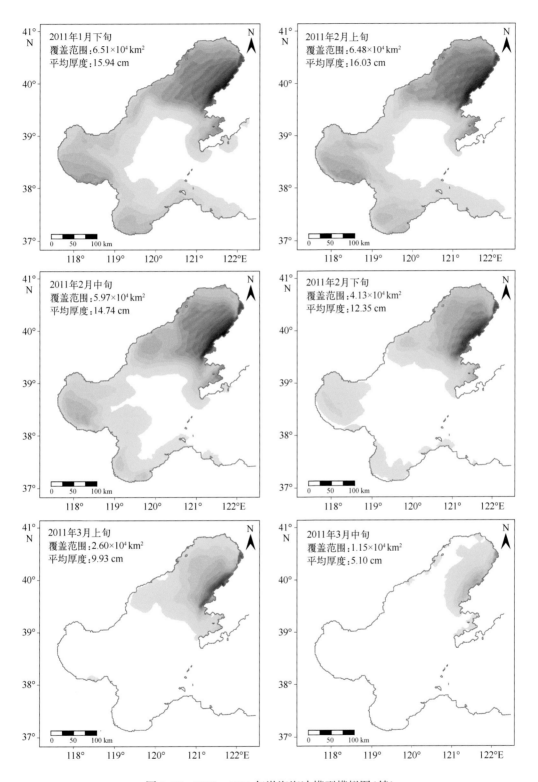

图 3.18　2010—2011 年渤海海冰模型模拟图(续)

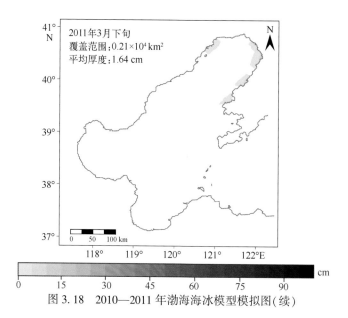

图 3.18　2010—2011 年渤海海冰模型模拟图（续）

17）2011—2012 年

冰情等级 3.0 级（图 3.19）。

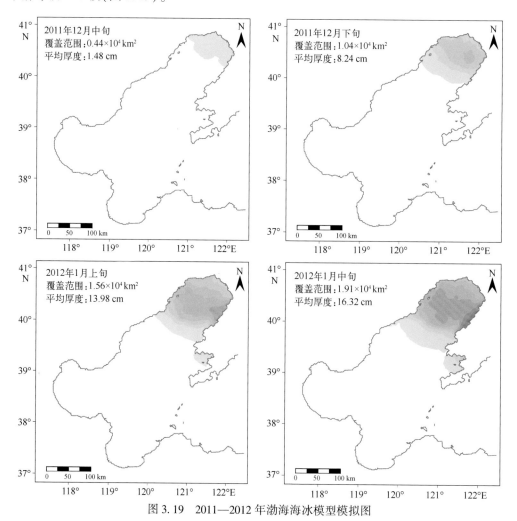

图 3.19　2011—2012 年渤海海冰模型模拟图

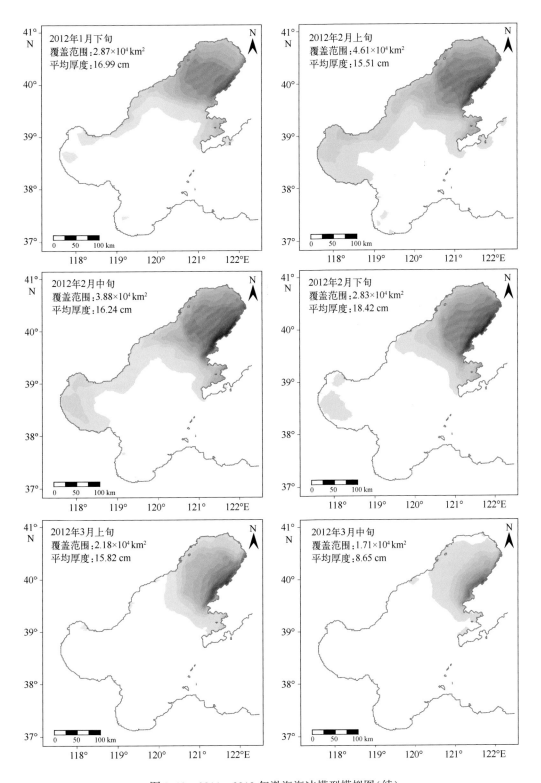

图 3.19　2011—2012 年渤海海冰模型模拟图(续)

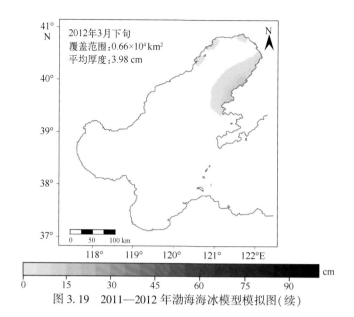

图 3.19　2011—2012 年渤海海冰模型模拟图（续）

18）2012—2013 年

冰情等级 3.5 级（图 3.20）。

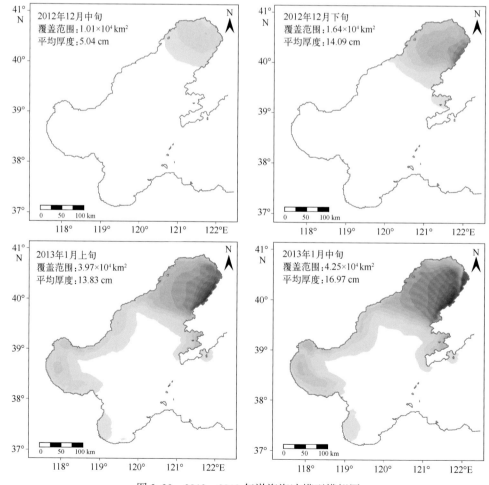

图 3.20　2012—2013 年渤海海冰模型模拟图

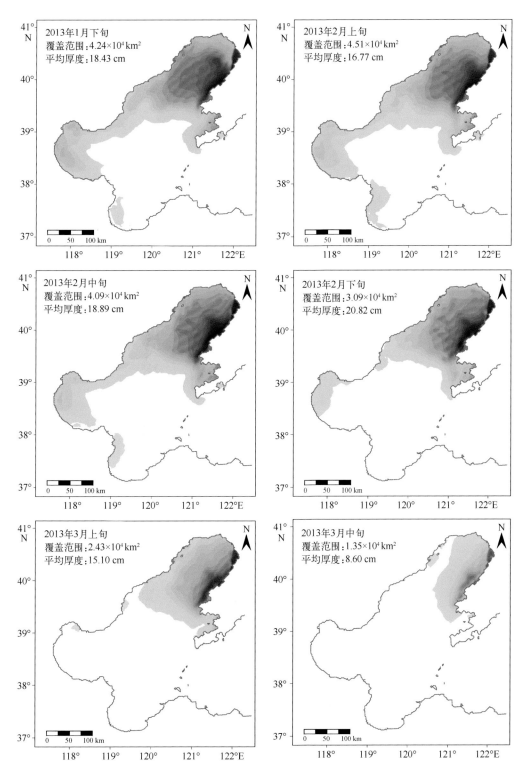

图 3.20　2012—2013 年渤海海冰模型模拟图(续)

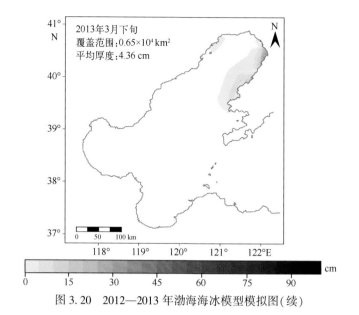

图 3.20　2012—2013 年渤海海冰模型模拟图(续)

19) 2013—2014 年

冰情等级 1.5 级(图 3.21)。

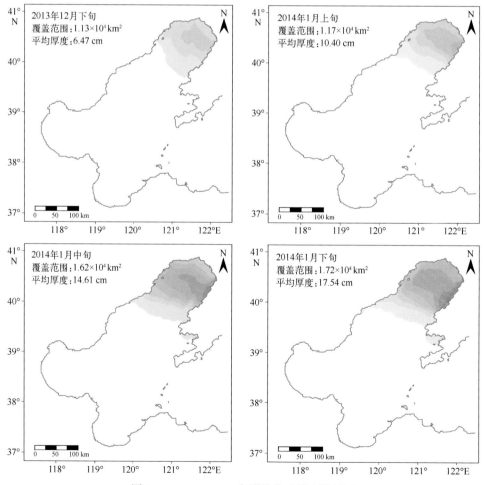

图 3.21　2013—2014 年渤海海冰模型模拟图

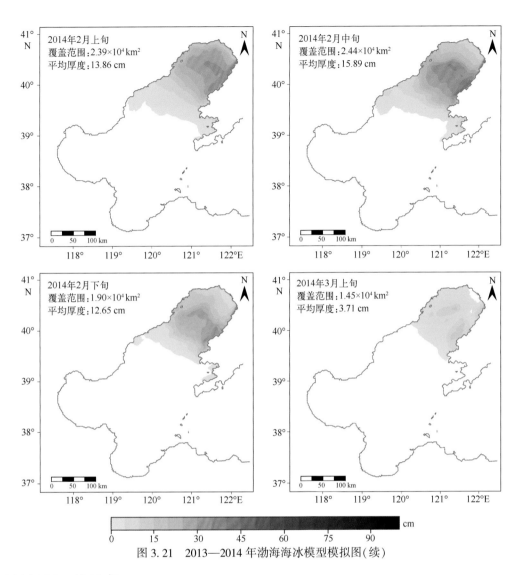

图 3.21　2013—2014 年渤海海冰模型模拟图(续)

20) 2014—2015 年

冰情等级 1.0 级(图 3.22)。

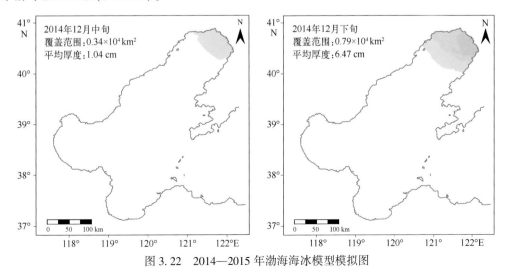

图 3.22　2014—2015 年渤海海冰模型模拟图

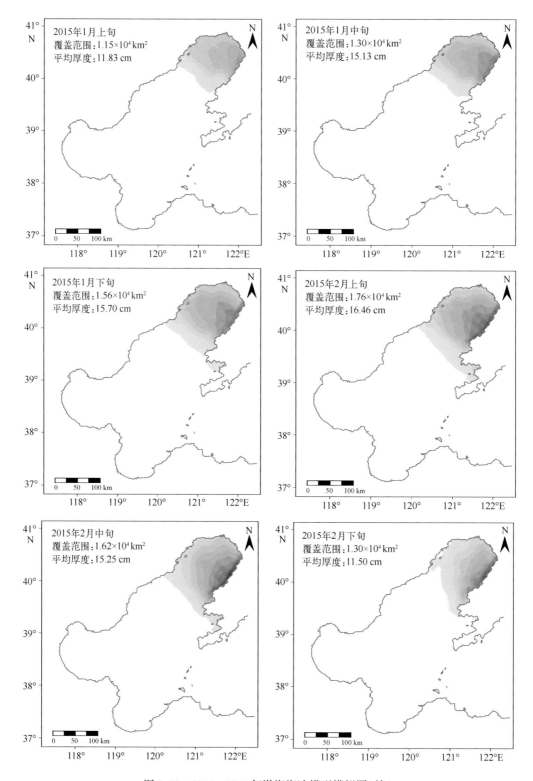

图 3.22　2014—2015 年渤海海冰模型模拟图(续)

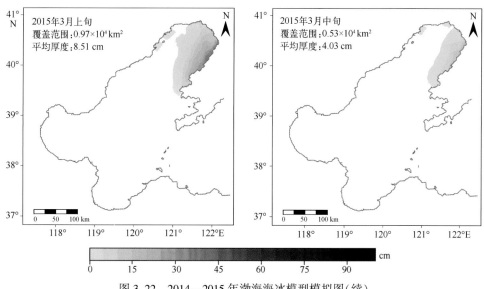

图 3.22 2014—2015 年渤海海冰模型模拟图(续)

21) 2015—2016 年

冰情等级 3.0 级(图 3.23)。

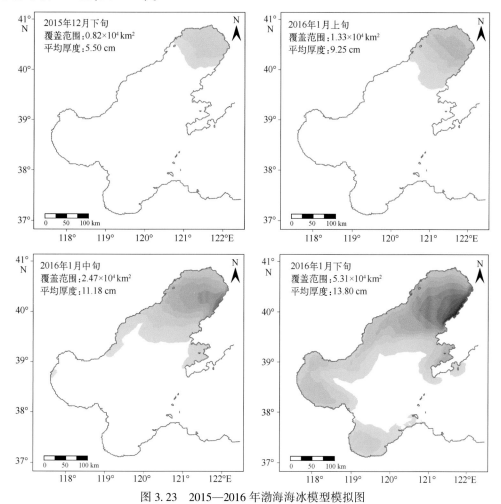

图 3.23 2015—2016 年渤海海冰模型模拟图

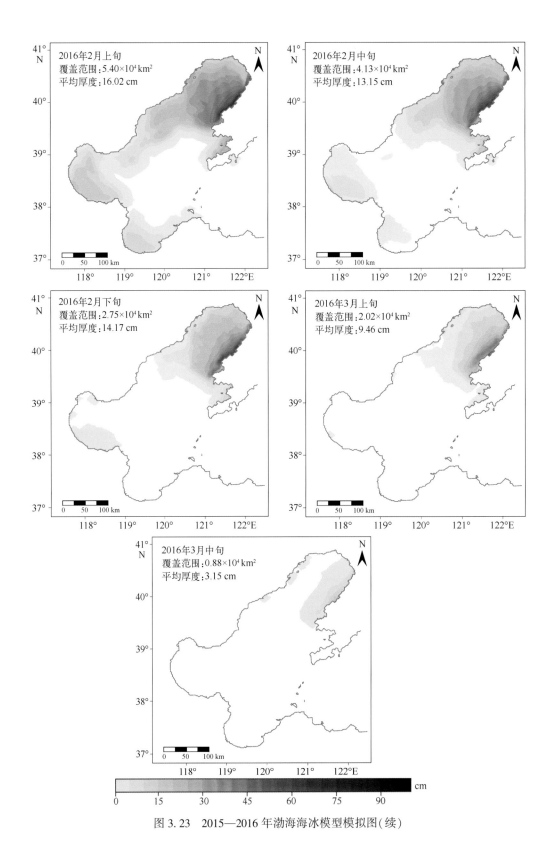

图 3.23 2015—2016 年渤海海冰模型模拟图(续)

22）2016—2017 年

冰情等级 1.5 级（图 3.24）。

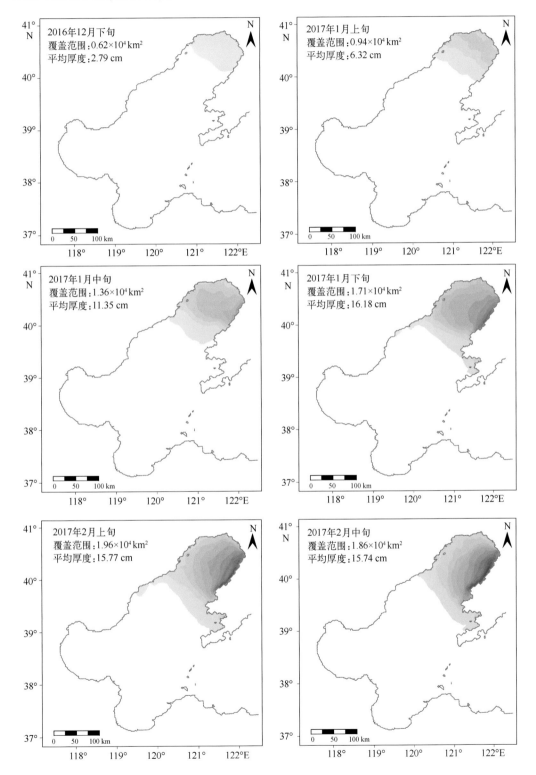

图 3.24　2016—2017 年渤海海冰模型模拟图

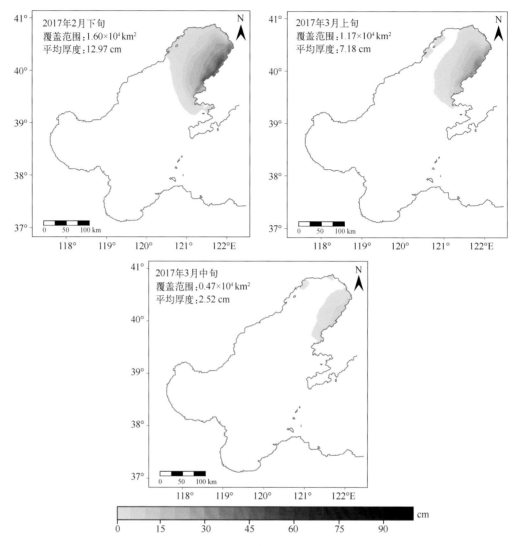

图 3.24　2016—2017 年渤海海冰模型模拟图(续)

参考文献

NEMO SEA ICE WORKING GROUP, 2019. Sea Ice modelling Integrated Initiative (SI^3) — The NEMO sea ice engine. Scientific Notes of Climate Modelling Center (31), Institut Pierre-Simon Laplace (IPSL). 10.5281/zenodo.1464816.

NEMO SYSTEM TEAM, 2019. NEMO ocean engine. Scientific Notes of Climate Modelling Center (27), Institut Pierre-Simon Laplace (IPSL). 10.5281/zenodo.1464816.

第4章 渤海海冰专题分析图

依据渤海海冰的空间分布特征,选取沉积型海岸(渤海湾西海岸)和基岩型海岸(辽东湾)海冰资源富集的代表性海岸为海冰采样点(图4.1),通过多年的现场采样分析,获得了渤海沿岸平整冰、堆积冰等冰型的冰厚空间分布、海冰表观密度空间分布、实密度空间分布、海冰盐度空间分布、孔隙率空间分布等理化性质数据,并绘制了渤海海冰专题分析图。

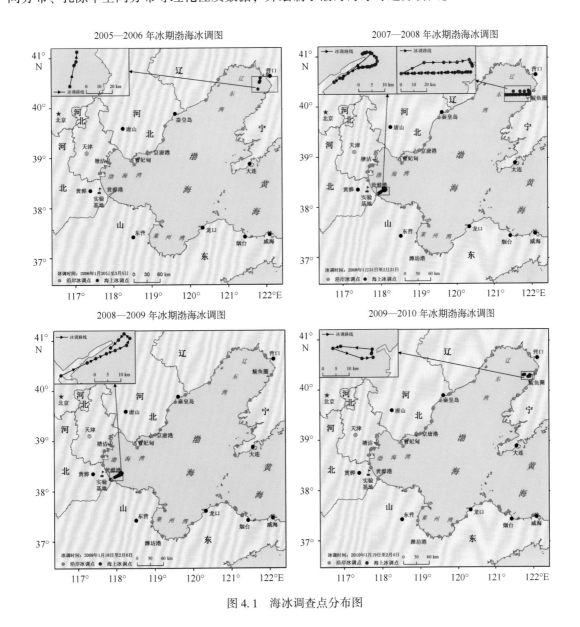

图 4.1　海冰调查点分布图

4.1 渤海海冰理化性质专题图

海冰样品的理化成分分析由国家相关认证机构(国家海洋环境监测中心)检测分析完成。其中海冰盐度采用盐度计法(GB/T 17378—2007);海冰表观密度、实密度和孔隙率的定义和测定方法详见林叶彬等(2010);硫酸根、全盐量以及悬浮物(泥沙)采用重量法(GB/T 11899—1989、HJ/T 51—1999以及GB/T 17378—2007);氯根(氯度)采用摩尔法(GB/T 11896—1989);硬度采用络合滴定法。指标的定义和具体方法介绍见相应参考文献。

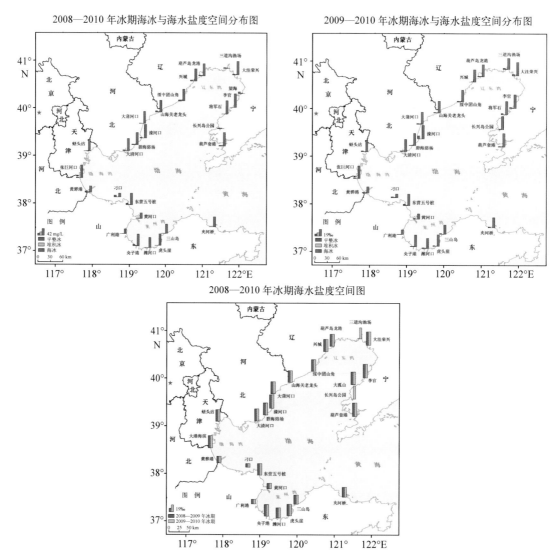

图4.2　2008—2010年历年海冰与海水盐度专题图

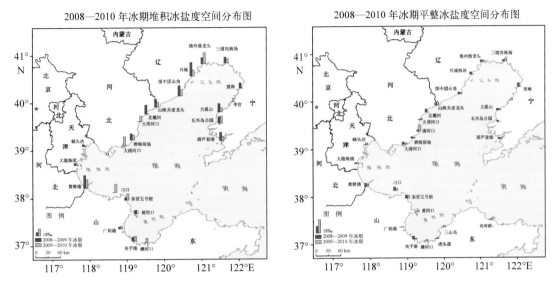

图 4.2　2008—2010 年历年海冰与海水盐度专题图(续)

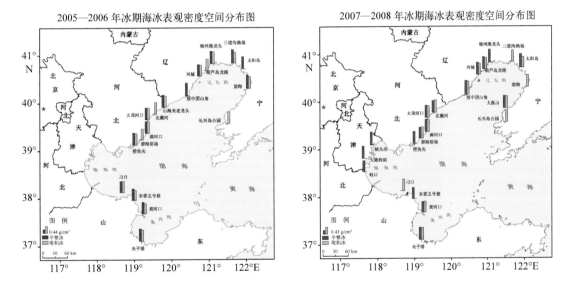

图 4.3　2005—2010 年历年海冰表观密度专题图

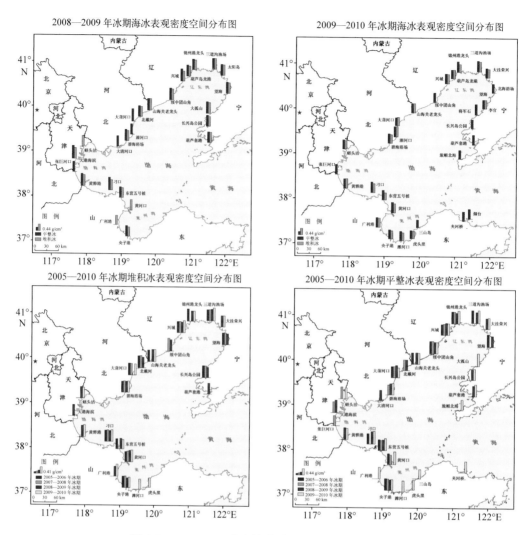

图4.3　2005—2010年历年海冰表观密度专题图(续)

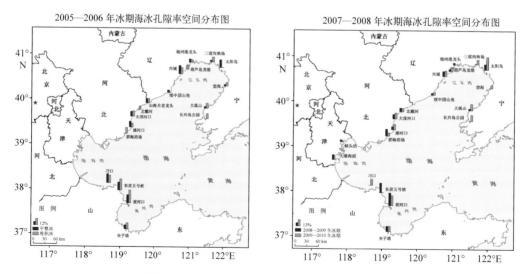

图4.4　2005—2010年历年海冰孔隙率专题图

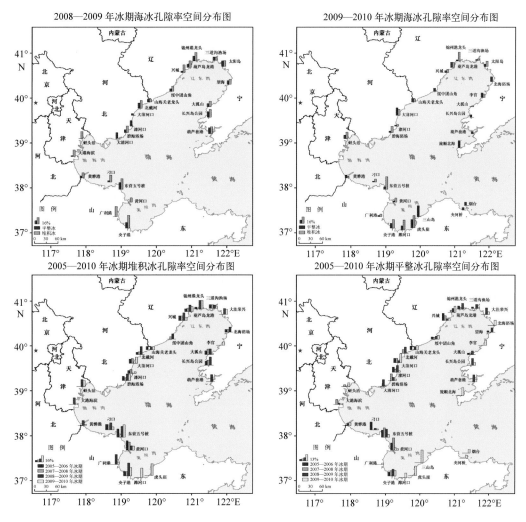

图 4.4　2005—2010 年历年海冰孔隙率专题图(续)

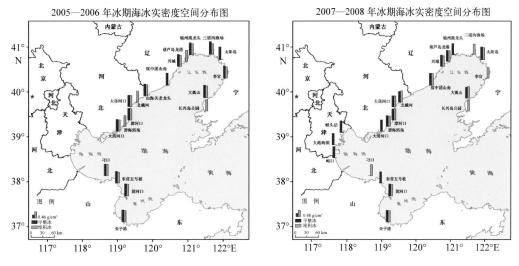

图 4.5　2005—2010 年历年海冰实密度专题图

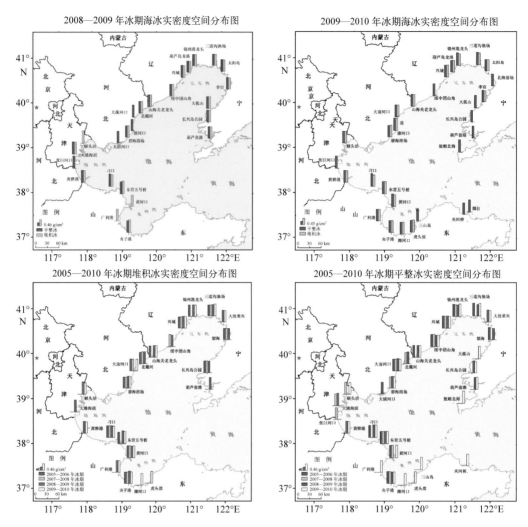

图 4.5 　2005—2010 年历年海冰实密度专题图(续)

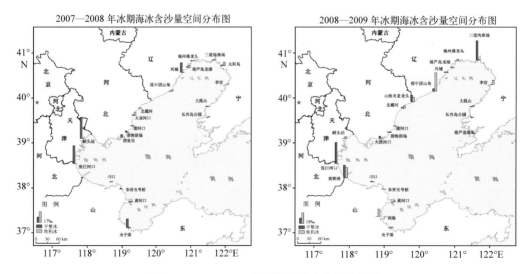

图 4.6 　2007—2009 年历年海冰含沙量专题图

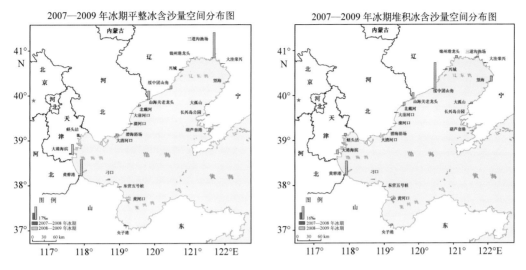

图 4.6　2007—2009 年历年海冰含沙量专题图(续)

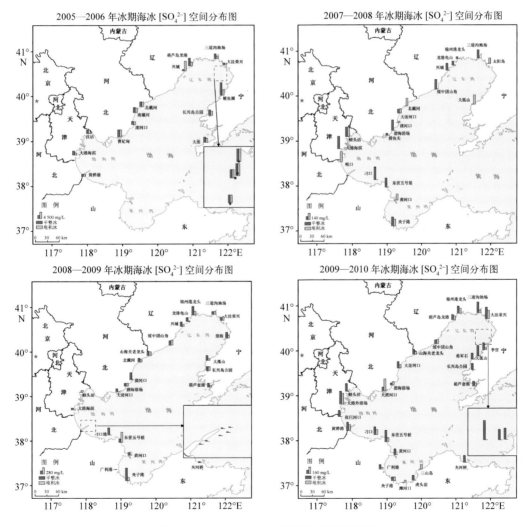

图 4.7　2005—2010 年历年海冰离子专题图

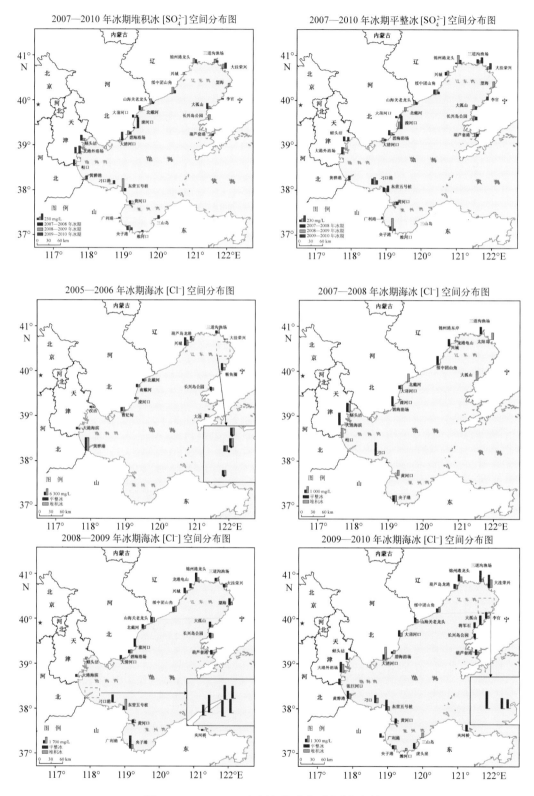

图 4.7　2005—2010 年历年海冰离子专题图（续）

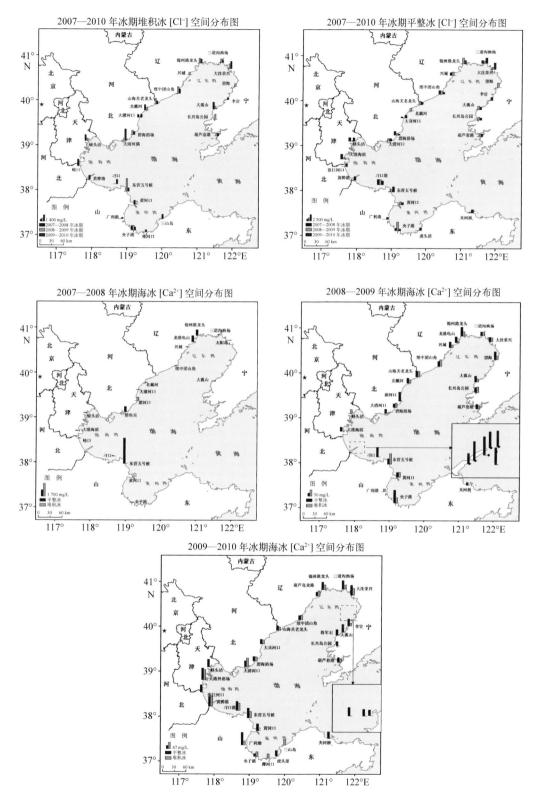

图 4.7　2005—2010 年历年海冰离子专题图(续)

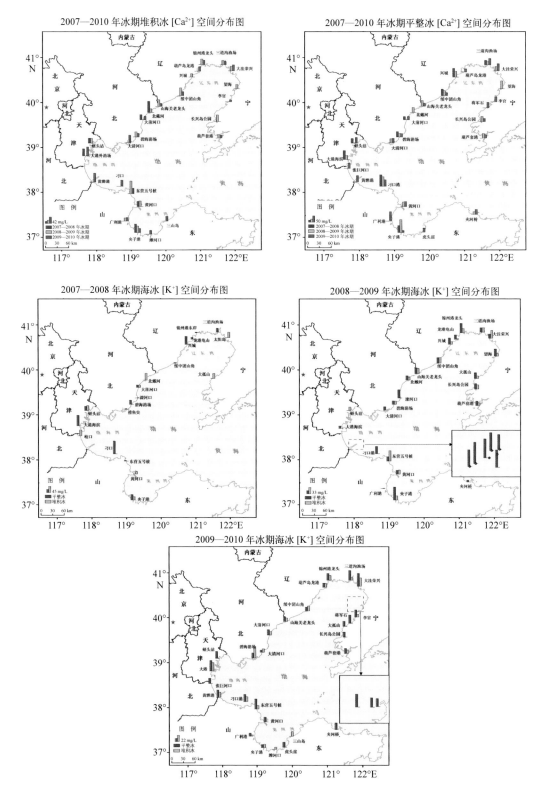

图 4.7　2005—2010 年历年海冰离子专题图(续)

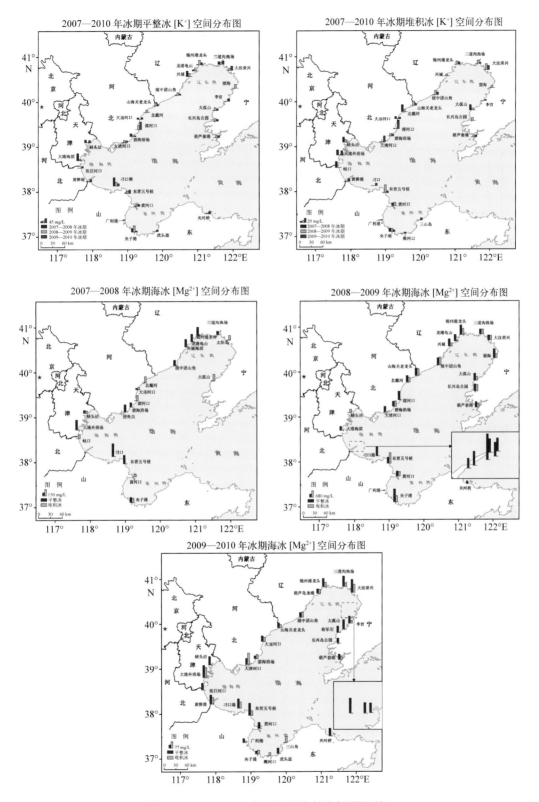

图 4.7 2005—2010 年历年海冰离子专题图(续)

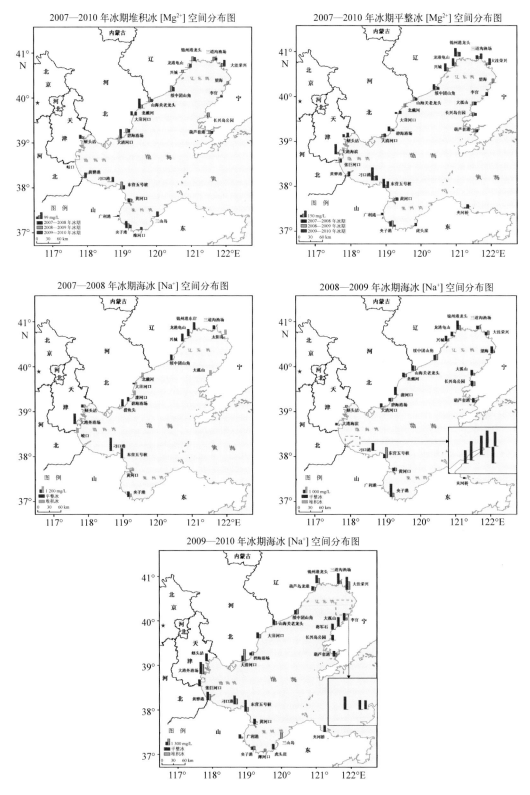

图 4.7　2005—2010 年历年海冰离子专题图(续)

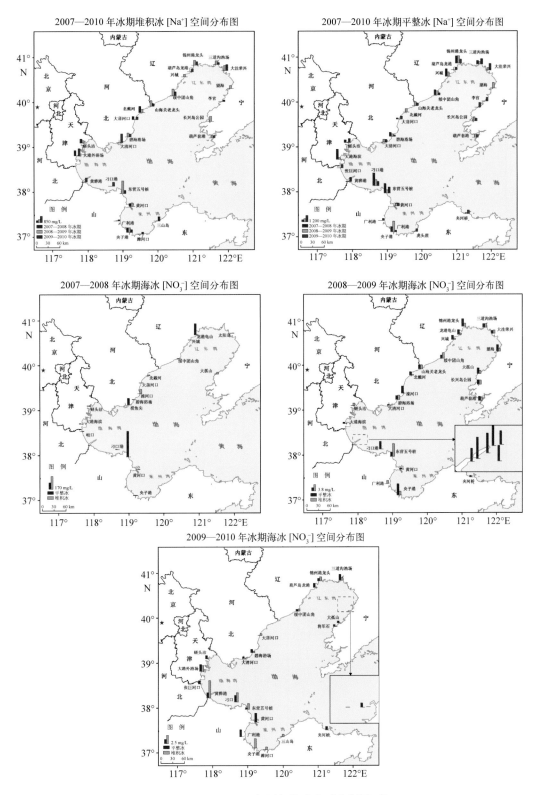

图 4.7　2005—2010 年历年海冰离子专题图(续)

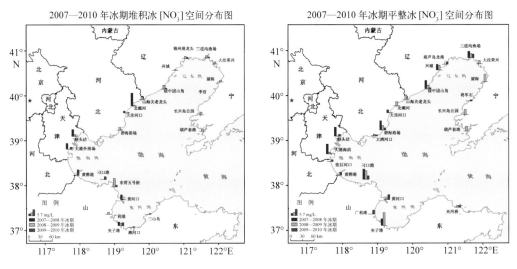

图 4.7　2005—2010 年历年海冰离子专题图(续)

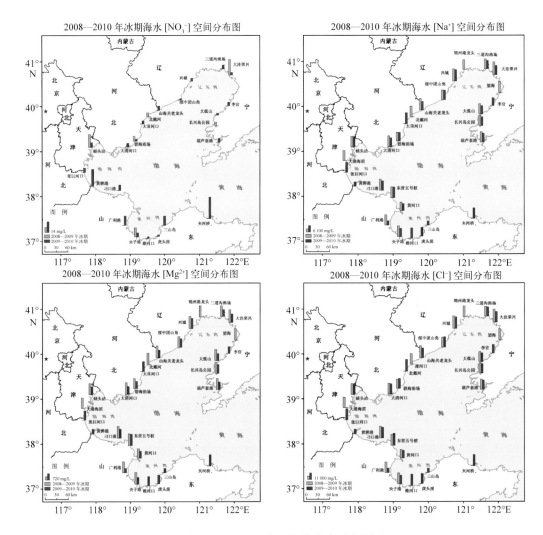

图 4.8　2008—2010 年历年海水离子专题图

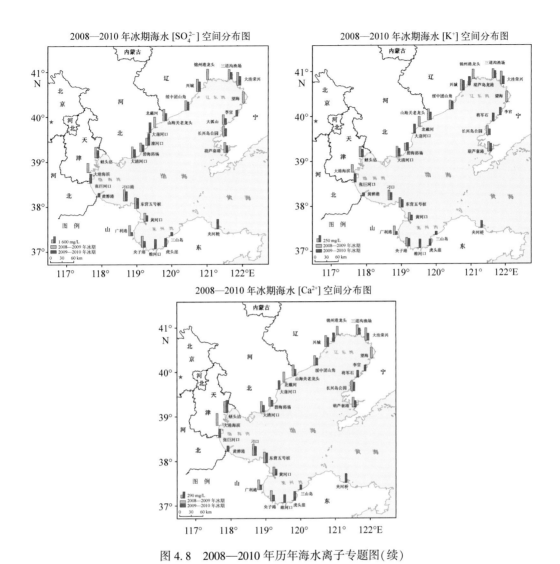

图 4.8　2008—2010 年历年海水离子专题图（续）

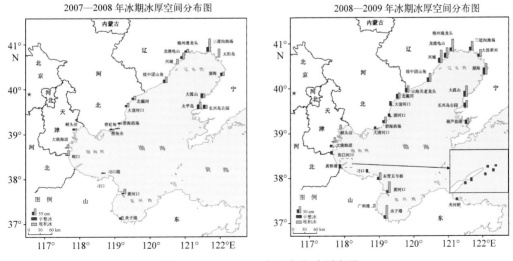

图 4.9　2007—2010 年历年海冰厚度图

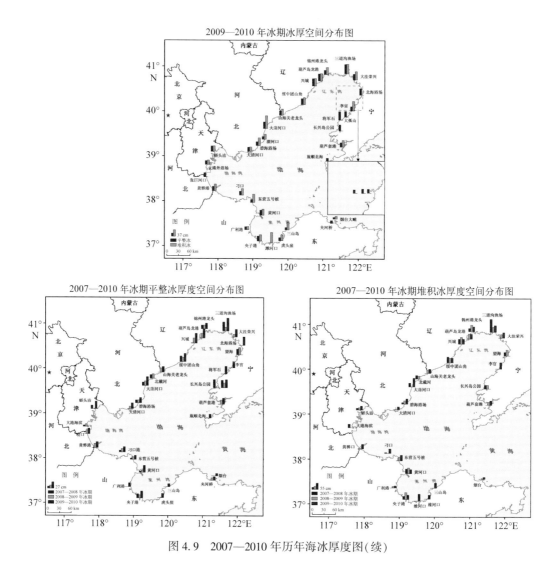

图 4.9　2007—2010 年历年海冰厚度图(续)

4.2　渤海冰区底栖贝类危险性专题图

渤海的辽东湾海域具有冬季冰期长、生境特色鲜明和生物资源丰富等特点。辽东湾北部海域有 4 条主要入海河流，河口处咸淡水交融，大量泥沙被河水挟带入海，大面积浅滩在入海口形成了较为广阔的水下三角洲和典型的淤泥质滩涂；同时，大量有机质及营养盐被携带至此，该地滩涂埋栖性贝类资源丰富。

辽东湾每年冰期较长，对潮间带的底栖贝类生长有抑制作用。以下为作者团队对辽东湾潮间带结冰区的底栖贝类进行的海冰风险评估。根据 IPCC 的风险理论框架，将风险(R)表征为危险性(H)、暴露度(E)和脆弱性(V)的函数，冰区潮间带底栖贝类风险可表达为

$$R = f(H,\ E,\ V) \tag{4-1}$$

$$R_{ij} = \sum H_{ij} + E_{ij} + V_{ij} \tag{4-2}$$

然后根据计算结果 R 值，参照《综合自然灾害风险图(1 : 100 000)制图规范》(MZT 051—

2013)，将冰区潮间带底栖贝类风险划分为5个风险等级并赋以五种颜色：极高风险区（Ⅰ级），用紫红色代表；高风险区（Ⅱ级），用红色代表；中级风险区（Ⅲ级），用橙色代表；低风险区（Ⅳ级），用黄色代表；极低风险区（Ⅴ级），用绿色代表。综合考虑风险等级分布空间同质性、行政区划、地理空间分布，综合形成不同风险等级区（表4.1至表4.3）。同时，结合《海洋灾害风险图编制规范》（HY/T 0297—2020)绘制风险图（图4.10至图4.15）。

表4.1 冰区底栖贝类危险性指标等级划分

	等级	极高	高	中	低	极低
	指标赋值及权重	5	4	3	2	1
危险性 H	H_{th} 海冰厚度 ≥ 25 cm 的频率	$H_{th} \geq 40$	$30 \leq H_{th} < 40$	$20 \leq H_{th} < 30$	$10 \leq H_{th} < 20$	$H_{th} < 10$
	H_S 堆积冰盐度	$H_S < 1.0$	$1.0 \leq H_S < 1.2$	$1.2 \leq H_S < 1.4$	$1.4 \leq H_S < 1.6$	$H_S \geq 1.6$

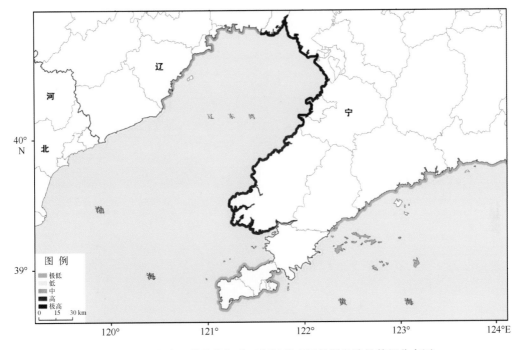

图4.10 辽东湾及黄海北部冰区潮间带底栖贝类危险性等级分布图

表4.2 冰区底栖贝类暴露度指标等级划分

	等级	极高	高	中	低	极低
	指标赋值及权重	5	4	3	2	1
暴露度 E	$E = (D_{lf} + D_{Si}) \cap D_S$ D_{Si} 为分布区搁浅冰面积；D_{lf} 为分布区沿岸冰面积；D_S 为底栖贝类养殖面积（单位：$\times 10^3$ hm^2）	$E \geq 50$	$20 \leq E < 50$	$10 \leq E < 20$	$3 \leq E < 10$	$E < 3$

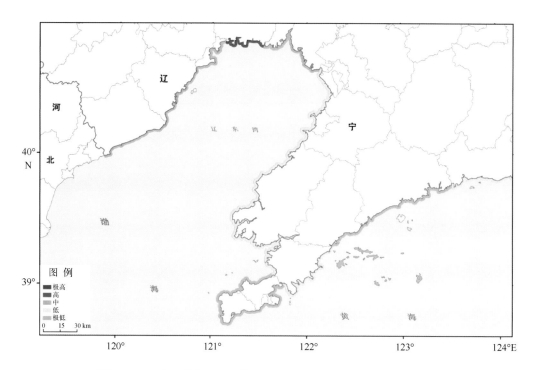

图 4.11　辽东湾及黄海北部冰区潮间带底栖贝类暴露度等级分布图

表 4.3　冰区底栖贝类脆弱性指标等级划分

等级		极高	高	中	低	极低
指标赋值及权重		5	4	3	2	1
敏感性 S	S_ρ 为底栖贝类 分布密度(t/hm^2)	$S_\rho \geqslant 20$	$15 \leqslant S_\rho < 20$	$10 \leqslant S_\rho < 15$	$5 \leqslant S_\rho < 10$	$S_\rho < 5$
	S_i 底栖贝类 物种单一指数	$S_i = 1$	$S_i = 2$	$S_i = 3$	$S_i = 4$	$S_i = 5$
	S_{boat} 养殖捕捞船 数量(艘)	$S_{boat} \geqslant 1\,000$	$100 \leqslant S_{boat} < 1\,000$	$10 \leqslant S_{boat} < 100$	$5 \leqslant S_{boat} < 10$	$S_{boat} < 5$
适应性 A	A_{breed} 为各地区底栖 贝类养殖方式 多样化程度	$A_{breed} = 4$	$A_{breed} = 3$	$A_{breed} = 2$	$A_{breed} = 1$	$A_{breed} = 0$
	A_b 底栖贝类 育苗数(亿粒)	$A_b \geqslant 100$	$10 \leqslant A_b < 100$	$1 \leqslant A_b < 10$	$0.01 \leqslant A_b < 1$	$A_b < 0.01$
	A_e 养殖专业 从业人员数	$A_e \geqslant 10\,000$	$5\,000 \leqslant A_e < 10\,000$	$1\,000 \leqslant A_e < 5\,000$	$100 \leqslant A_e < 1\,000$	$A_e < 100$

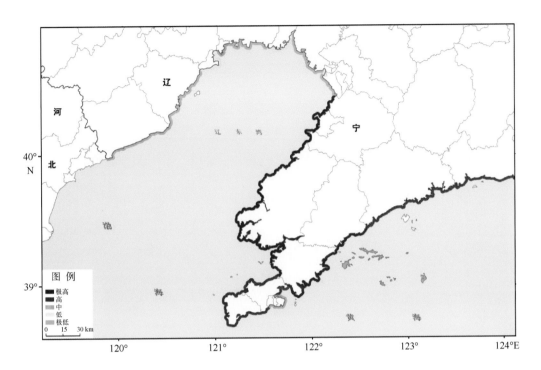

图 4.12　辽东湾及黄海北部冰区潮间带底栖贝类敏感性等级分布图

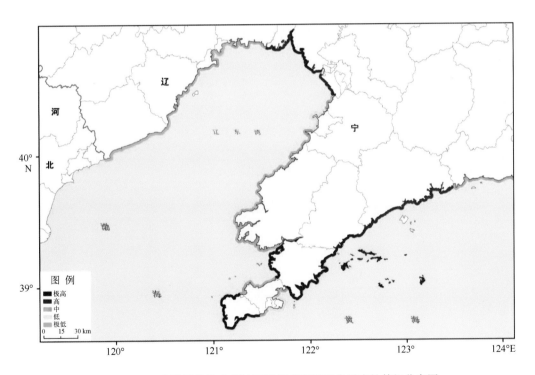

图 4.13　辽东湾及黄海北部冰区潮间带底栖贝类适应性等级分布图

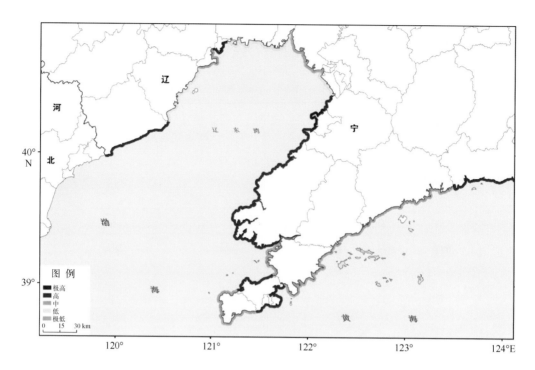

图 4.14　辽东湾及黄海北部冰区潮间带底栖贝类脆弱性等级分布图

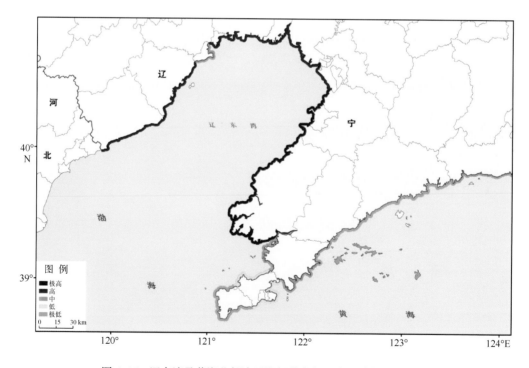

图 4.15　辽东湾及黄海北部冰区潮间带底栖贝类风险等级分布图

参考文献

林叶彬，许映军，顾卫，等，2010. 渤海沿岸海冰密度与空气孔隙率分布特征 . 资源科学，32（3）：412-416.

GB 17378—2007 海洋监测规范.

GB/T 12763.2—2007 海洋调查规范.

GB/T 11899—1989 水质硫酸盐的测定重量法.

GB/T 11896—1989 水质氯化物的测定硝酸银滴定法.

HJ/T 51—1999 水质全盐量的测定重量法.

第5章 典型冰情年的冰情特征及冰情图片

为直观展示渤海不同冰情年的海冰特点，作者选取 4 个典型冰情年，包含重冰年 2 个（2009—2010 年、2012—2013 年）、常冰年 1 个（2015—2016 年）、轻冰年 1 个（2014—2015 年），将不同观测手段获取的海冰影像、照片汇总在一起，以期反映渤海海冰详细信息。其中卫星遥感图像来源于 NASA Worldview 网站和国家卫星海洋应用中心，雷达图片来源于国家海洋环境监测中心鲅鱼圈岸基雷达观测站，现场照片来源于作者团队历年冬季现场观测拍摄，调查点分布示意图如图 5.1 所示。

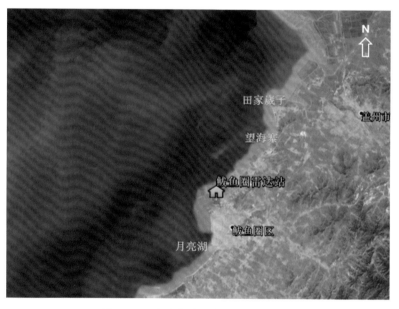

图 5.1　辽东湾海冰现场调查点示意图

5.1　重冰年：2009—2010 年冬季

根据《2010 年中国海洋灾害公报》，2009—2010 年冬季渤海及黄海北部的冰情为偏重冰年（3.5 级），于 2010 年 1 月中下旬达到近 30 年同期最严重冰情。其主要特点如下。

（1）冰情发生早：11 月下旬辽东湾底即出现大面积初生冰，时间较常年提前了半个月左右。

（2）发展速度快：1 月上旬辽东湾发展迅速，浮冰范围从 12 月 31 日的 38 n mile 迅速增加到 1 月 12 日的 71 n mile；1 月中旬莱州湾冰情发展迅速，浮冰范围从 1 月 9 日的 16 n mile 迅速增加到 1 月 18 日的 39 n mile，1 月 22—24 日连续维持在 46 n mile，为莱州湾 40 年来最大海冰范围。

(3)浮冰范围大、冰层厚：辽东湾 2 月上旬，浮冰范围从 1 月 31 日的 52 n mile 迅速发展到 2 月 13 日的 108 n mile，最大单层冰厚达 55 cm(图 5.2)。

2009—2010 年冬季渤海及黄海北部发生的海冰灾害对沿海地区社会、经济产生严重影响，造成巨大损失。辽宁、河北、天津、山东等沿海三省一市受灾人口 6.1 万人，船只损毁 7 157 艘，港口及码头封冻 296 个，水产养殖受损面积 207.87×10^3hm^2。因灾直接经济损失 63.18 亿元(表 5.1)。

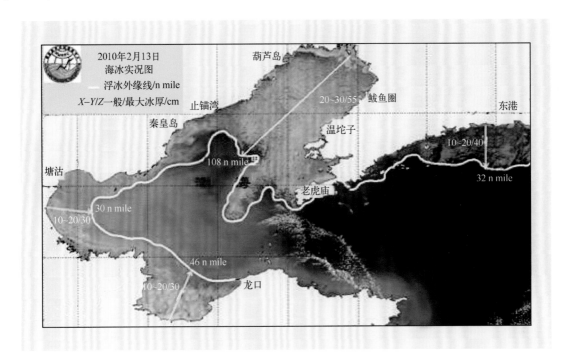

图 5.2　2010 年 2 月 13 日海冰实况图

(来源：2010 年中国海洋灾害公报)

表 5.1　2009—2010 年海冰灾害损失统计表

省 (直辖市)	受灾人口		损毁船只/艘	封冻港口码头/个	水产养殖损失		直接经济损失			
	受灾人口/万人	死亡(失踪)人数			受灾面积/×10^3 hm^2	数量/×10^4 t	水产养殖损失/亿元	设施损失/万元	其他损失/万元	合计损失/亿元
辽宁省	0.45	无	1 078	226	58.71	15.27	34.28	4 827	1 001	34.86
山东省	5.65	无	6 032	30	148.36	19.34	25.58	3 630	8 170	26.76
河北省	—	无	47	20	0.8	0.2	0.6	3 245	6 232	1.55
天津市	—	无	—	20						0.01
合计	6.1	无	7 157	296	207.87	34.81	60.46	11 702	15 403	63.18

5.1.1 初冰期

初冰期海冰卫星遥感图像如图 5.3 所示。

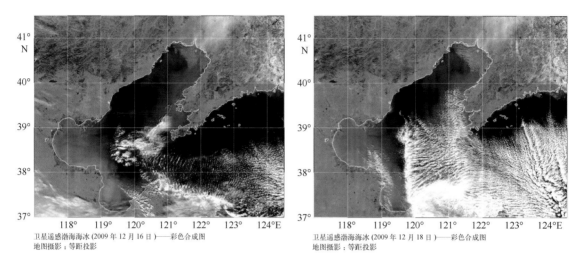

图 5.3 2009 年 12 月 16 日和 2009 年 12 月 18 日卫星遥感图像

5.1.2 盛冰期

盛冰期海冰卫星遥感图像和雷达图像如图 5.4 至图 5.13 所示。

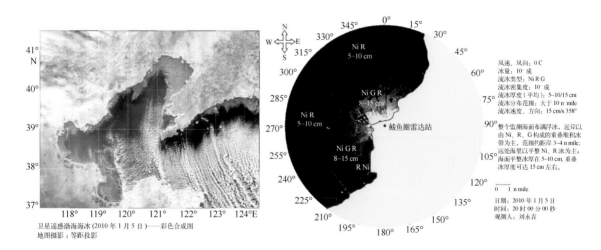

图 5.4 2010 年 1 月 5 日海冰卫星遥感图像和雷达海冰图像

2009 年 1 月 7 日进行了鲅鱼圈海域现场冰情调查，观测地点为雷达站以北 10~15 km 处望海寨海域，望海寨海域有大面积固定冰分布，固定冰类型以沿岸冰为主（图 1.4），一般单层冰厚在 20 cm 左右，最大约 30 cm 以上；海面浮冰以灰冰、尼罗冰、灰白冰为主，一般冰厚 10~20 cm（图 5.6、图 5.7）。田家崴子海域以搁浅冰为主，一般冰厚 20 cm 左右（图 5.8）。

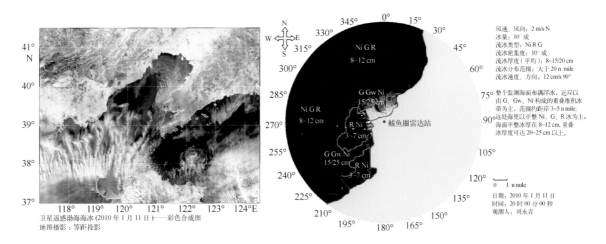

图 5.5　2010 年 1 月 11 日海冰卫星图片和雷达海冰图像

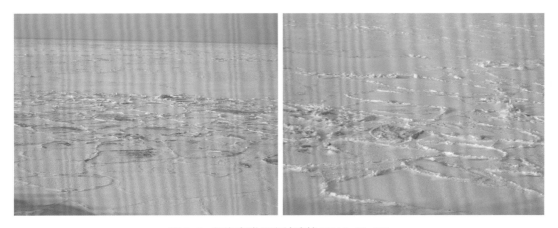

图 5.6　望海寨附近海域冰情（2010-01-07）

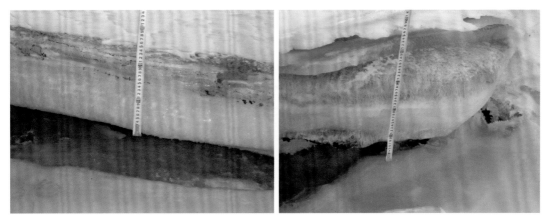

图 5.7　望海寨附近海域冰厚测量（2010-01-07）

图 5.8 田家崴子附近海域搁浅冰观测(2010-01-07)

2009 年 1 月 10 日，调查地点田家崴子，实测平均冰厚 20 cm 左右，最大可达 30~35 cm（图 5.9）。

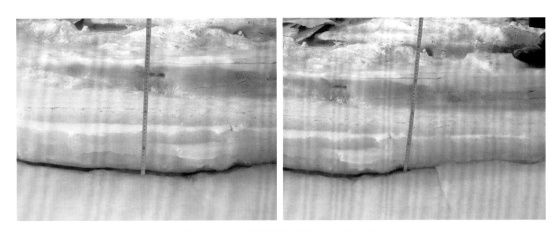

图 5.9 田家崴子海域固定冰实测冰厚

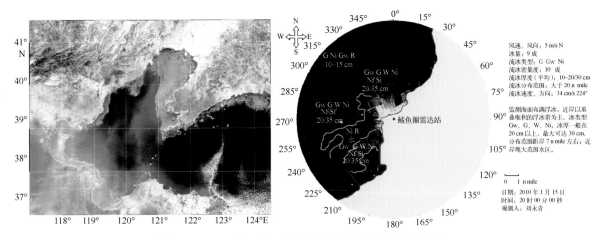

图 5.10 2010 年 1 月 15 日海冰卫星遥感图像和雷达图像

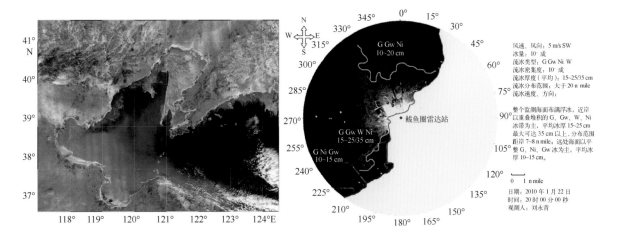

图 5.11　2010 年 1 月 22 日海冰卫星遥感图像和雷达图像

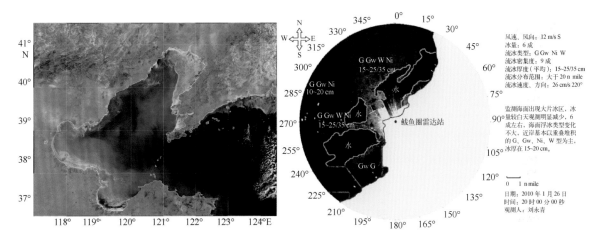

图 5.12　2010 年 1 月 26 日海冰卫星遥感图像和雷达图像

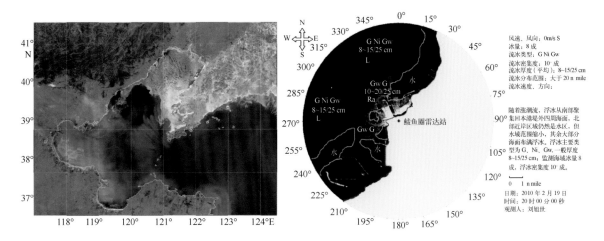

图 5.13　2010 年 2 月 19 日海冰卫星遥感图像和雷达图像

5.1.3 终冰期

终冰期海冰卫星遥感图像和雷达图像如图 5.14 至图 5.17 所示。

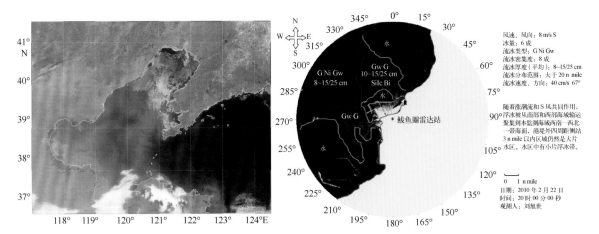

图 5.14 2010 年 2 月 22 日海冰卫星遥感图像和雷达图像

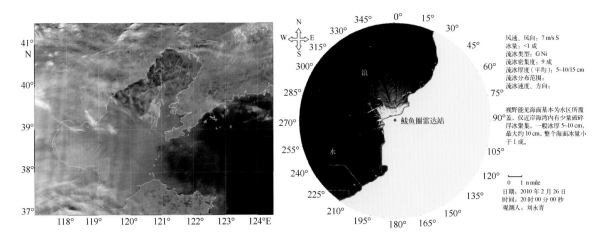

图 5.15 2010 年 2 月 26 日海冰卫星遥感图像和雷达图像

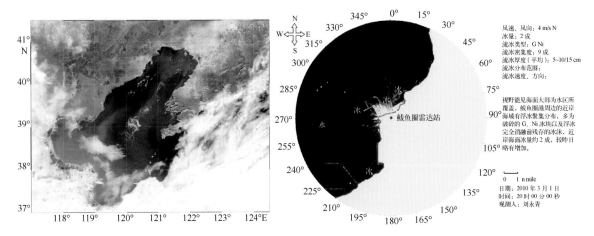

图 5.16 2010 年 3 月 1 日海冰卫星遥感图像和雷达图像

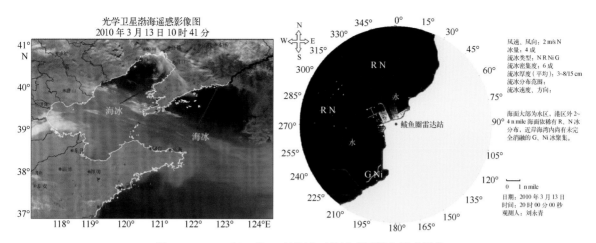

图 5.17　2010 年 3 月 13 日海冰卫星遥感图像和雷达图像

5.2　重冰年：2012/2013 年冬季

根据《2013 年中国海洋灾害公报》，2012—2013 年冬季渤海及黄海北部的冰情为常年偏重（3.5 级），最大浮冰范围出现在 2013 年 2 月 8 日，覆盖面积 34 824 km²。辽东湾的初冰日为 2012 年 12 月 4 日，终冰日为 2013 年 3 月 20 日，辽东湾海冰最大覆盖面积 23 041 km²，出现在 2 月 8 日，浮冰外缘线离岸最大距离 89 n mile，最大冰厚 45 cm。

本年度渤海和黄海北部海域受海冰灾害影响，造成直接经济损失 3.22 亿元，主要为水产养殖损失。

5.2.1　初冰期

初冰期海冰卫星遥感图像和雷达图像如图 5.18、图 5.19 所示。

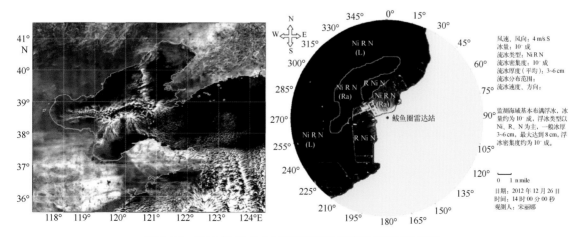

图 5.18　2012 年 12 月 26 日海冰卫星遥感图像和雷达图像

2012 年 12 月 30 日，调查地点：雷达站南向约 10 km 处的月亮湖近岸海域，雷达站北侧上游 17 km 处的田家崴子。平整冰厚 15~25 cm，两处海湾堤坝上均有大量冰脚，高度 1~2 m 不等。如图 5.20 和图 5.21 所示。

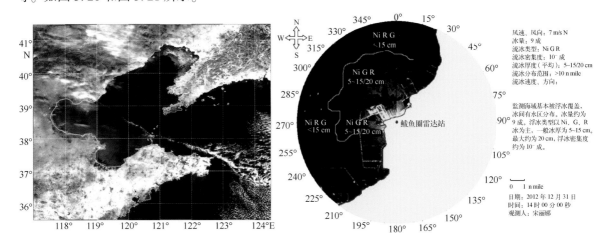

图 5.19　2012 年 12 月 31 日海冰卫星遥感图像和雷达图像

图 5.20　月亮湖近岸海域固定冰实测冰厚

图 5.21　田家崴子近岸海域固定冰冰情照片

　　2013 年 1 月 9 日进行了现场冰情勘测和记录，勘测地点为雷达站以北 15 km 处的望海寨和以南 10 km 处的月亮湖近岸区域。海面浮冰仍以平整的尼罗冰、灰冰和冰皮为主，一般冰厚略有增加，为 10~15 cm，最大为 25 cm；海面冰量和浮冰密集度变化不大；浮冰分布范围距岸 15 n mile 以上。

望海寨和月亮湖海域均有固定冰分布，以搁浅冰和冰脚为主（见图5.22和图5.23），一般厚度为20~30 cm，重叠冰最大厚度达50 cm左右。海湾堤坝上有大量冰脚堆积，堆积高度1~2 m不等。

图5.22　望海寨近岸冰情照片(2013-01-09)

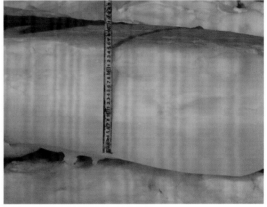

图5.23　月亮湖近岸冰情照片(2013-01-09)

5.2.2　盛冰期

盛冰期海冰卫星遥感图像和雷达图像如图5.24、图5.27、图5.28、图5.30所示。

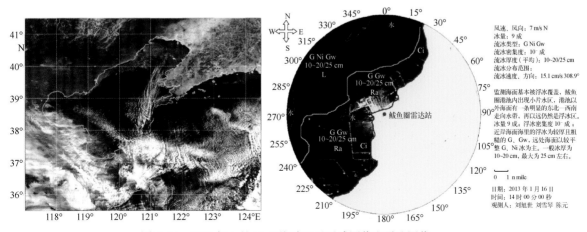

图5.24　2013年1月16日海冰卫星遥感图像和雷达图像

2013 年 1 月 14 日，调查地点：雷达站北侧上游 17 km 处的田家崴子近岸区域。沿岸固定冰区单层冰厚度为 20~35 cm，最大厚度达 50 cm，海湾堤坝上堆积冰高度 1~3 m(图 5.25)。

图 5.25　田家崴子近岸区域固定冰实测冰厚

2013 年 1 月 26 日，调查地点：雷达站北侧 15 km 的望海寨沿岸。沿岸固定冰区单层冰厚度为 25~45 cm，最大厚度达 50 cm，海湾堤坝上堆积冰高度 1~3 m(图 5.26)。

图 5.26　望海寨海域固定冰实测冰厚

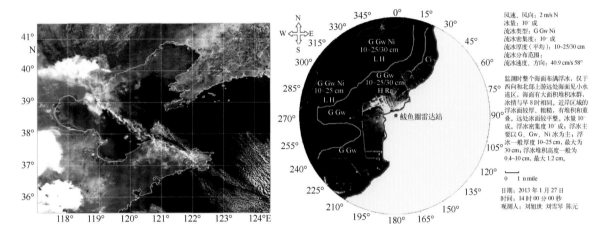

风速、风向：2 m/s N
冰量：10⁻ 成
流冰类型：G Gw Ni
流冰密集度：10⁻ 成
流冰厚度（平均）：10~25/30 cm
流冰分布范围：
流冰速度、方向：40.9 cm/s 58°

监测时整个海面布满浮冰，仅于西向和北部上游远处海面见小水道区，海面有大面积堆积冰群，冰情与早8时相同。近岸区域的浮冰面较厚，粗糙，有堆积和重叠。远处冰面较平整。冰量10⁻成。浮冰密集度10⁻成，浮冰主要以G、Gw、Ni冰为主；浮冰一般厚度10~25 cm，最大为30 cm，浮冰堆积高度一般为0.4~10 cm，最大1.2 cm。

0　　1 n mile

日期：2013 年 1 月 27 日
时间：14 时 00 分 00 秒
观测人：刘旭世　刘雪琴　陈元

图 5.27　2013 年 1 月 27 日海冰卫星遥感图像和雷达图像

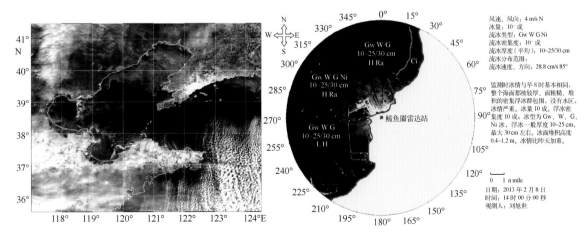

风速、风向：4 m/s N
冰量：10⁻ 成
流冰类型：Gw W G Ni
流冰密集度：10⁻ 成
流冰厚度（平均）：10~25/30 cm
流冰分布范围：
流冰速度、方向：28.8 cm/s 85°

监测时冰情与早8时基本相同，整个海面都较厚、面粗糙，堆积的密集浮冰群包围，没有水区，冰情严重。冰量10成。浮冰密集度10成，冰型为Gw、W、G、Ni冰，浮冰一般厚度10~25 cm，最大30 cm左右，冰面堆积高度0.4~1.2 m。冰情比昨天加重。

0　　1 n mile

日期：2013 年 2 月 8 日
时间：14 时 00 分 00 秒
观测人：刘旭世

图 5.28　2013 年 2 月 8 日海冰卫星遥感图像和雷达图像

2013 年 2 月 2—7 日营口港周边海域冰情如图 5.29 所示。

图 5.29　营口港周边海域冰情照片（左：2013-02-02，右：2013-02-07）

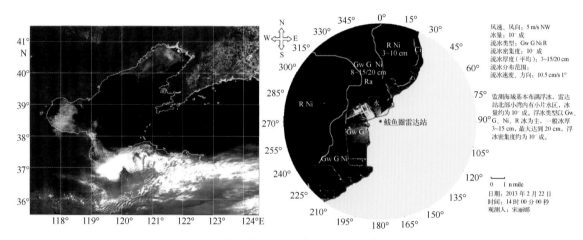

图 5.30　2013 年 2 月 22 日海冰卫星遥感图像和雷达图像

5.2.3　终冰期

终冰期海冰卫星遥感图像和雷达图像及现场踏勘照片如图 5.31 至图 5.33 所示。

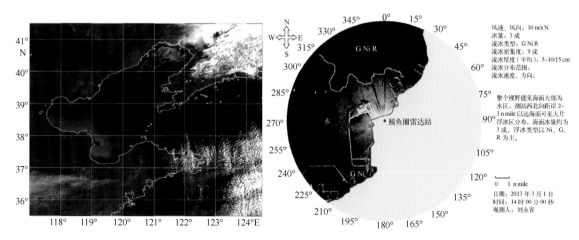

图 5.31　2013 年 3 月 1 日海冰卫星遥感图像和雷达图像

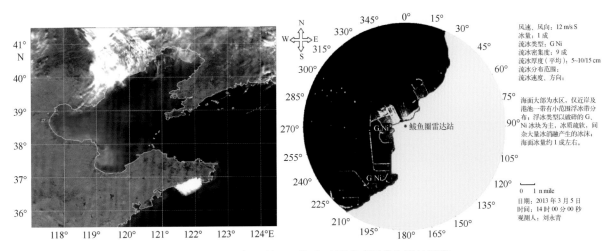

风速、风向：12 m/s S
冰量：1 成
流冰类型：G Ni
流冰密集度：9 成
流冰厚度（平均）：5~10/15 cm
流冰分布范围：
流冰速度、方向：

海面大部为水区，仅近岸及
港池一带有小范围浮冰带分
布，浮冰类型以破碎的 G、
Ni 冰块为主，冰质疏软，间
杂大量冰消融产生的冰沫，
海面冰量约 1 成左右。

0   1 n mile
日期：2013 年 3 月 5 日
时间：14 时 00 分 00 秒
观测人：刘永青

图 5.32　2013 年 3 月 5 日海冰卫星遥感图像和雷达图像

图 5.33　2013 年 3 月 11 日现场踏勘照片(左：盖县渔港海域，右：仙人岛附近海域)

5.3　常冰年：2015—2016 年冬季

根据《2016 年中国海洋灾害公报》，2015—2016 年冬季渤海及黄海北部的冰情为常冰年(3.0 级)，最大浮冰范围出现在 2016 年 2 月 2 日，覆盖面积 39 284 km²。辽东湾的初冰日为 2015 年 11 月 23 日，终冰日为 2016 年 3 月 12 日，辽东湾海冰最大覆盖面积 21 594 km²，浮冰外缘线离岸最大距离 79 n mile，出现在 2 月 1 日。

本年度冬季海冰灾害影响我国渤海和黄海海域，造成直接经济损失 0.20 亿元，为 2014—2015 年冬季(轻冰年)的 3.33 倍。

5.3.1 初冰期

初冰期海冰卫星遥感图像和雷达图像如图 5.34、图 5.35、图 5.39 所示。

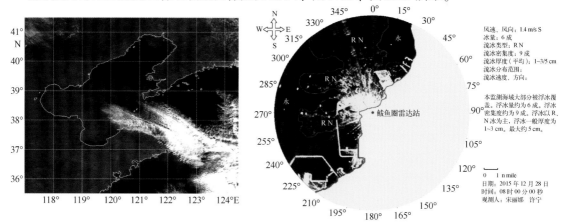

图 5.34 2015 年 12 月 28 日海冰卫星遥感图像和雷达图像

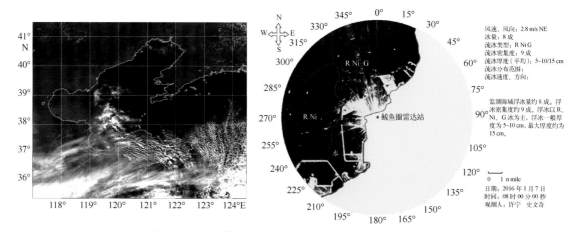

图 5.35 2016 年 1 月 7 日海冰卫星遥感图像和雷达图像

现场调查时间：2016 年 1 月 8 日，调查地点：鲅鱼圈北部田家崴子、望海寨附近海域，鲅鱼圈南部月亮湖附近海域。调查海域部分海湾内有沿岸冰、搁浅冰及冰脚分布，一般冰厚 5 ~ 10 cm，最大厚度 15 cm(图 5.36 至图 5.38)。

图 5.36 田家崴子近岸海域

图 5.37　望海寨近岸海域

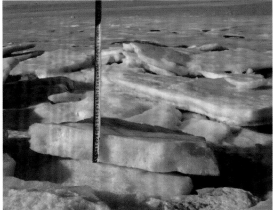

图 5.38　月亮湖近岸海域

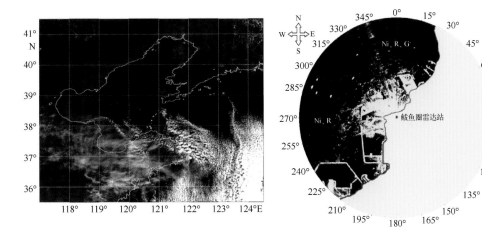

图 5.39　2016 年 1 月 12 日海冰卫星遥感图像和雷达图像

5.3.2 盛冰期

盛冰期海冰卫星遥感图像和雷达图像如图 5.40、图 5.42、图 5.44、图 5.46、图 5.47 所示。

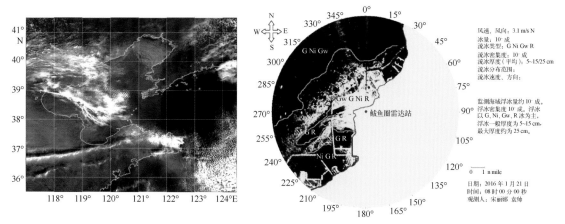

图 5.40   2016 年 1 月 21 日海冰卫星遥感图像和雷达图像

现场调查时间：2016 年 1 月 22 日，晴，气温-17.7~ -11.4℃，全天偏北风 3~5 级。调查地点：鲅鱼圈望海寨附近海域。调查海域监测海域内有搁浅冰及冰脚分布，一般冰厚 15~25 cm，最大厚度 40 cm。沿岸有重叠堆积冰分布，堆积高度 1.0~2.0 m(图 5.41)。

图 5.41   望海寨附近海域冰情

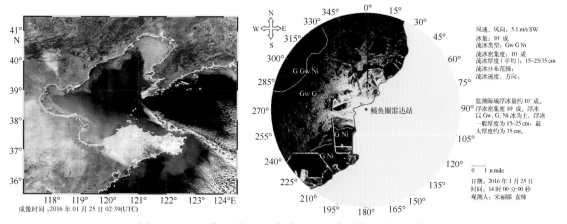

图 5.42   2016 年 1 月 25 日海冰卫星遥感图像和雷达图像

现场调查时间：2016 年 1 月 25 日（盛冰期），晴，气温 -10.9 ~ -3.2℃，偏南风 3 ~ 4 级。
调查地点：鲅鱼圈南部红沿河附近现场冰情。调查海域内有搁浅冰及冰脚分布，一般冰厚 25 ~ 40 cm，最大厚度约为 50 cm。沿岸有重叠堆积冰分布，堆积高度 1.0 ~ 2.0 m（图 5.43）。

图 5.43　红沿河附近现场冰情

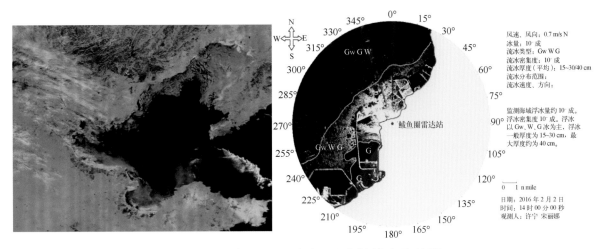

图 5.44　2016 年 2 月 2 日海冰卫星遥感图像和雷达图像

135

2016年2月2日(盛冰期)，晴，气温-8.8~1.3℃，偏北风转偏南风1~2级。近日冰情迅猛发展，观测海域海湾内有1~3 km固定冰分布，一般冰厚30~45 cm，最大厚度约为60 cm。沿岸有重叠堆积冰分布，堆积高度1.0~2.5 m(图5.45)。

图5.45 红沿河附近现场冰情

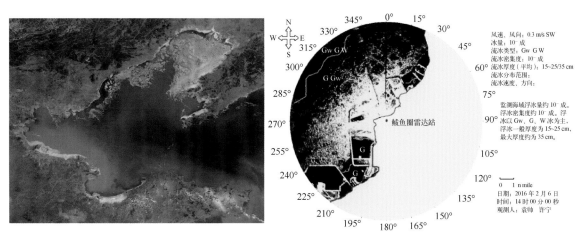

图5.46 2016年2月6日海冰卫星遥感图像和雷达图像

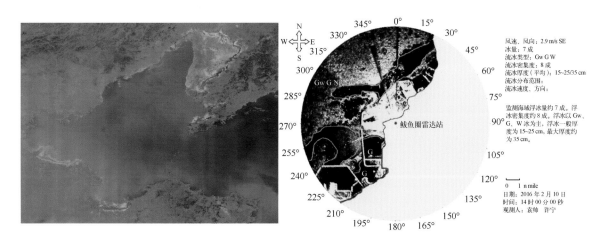

图5.47 2016年2月10日海冰卫星遥感图像和雷达图像

2016年2月12日（盛冰期），阴，大雾，气温3.3~6.8℃，东南风转东北风1~2级。调查地点：鲅鱼圈北部望海寨附近海域。调查海域海湾内分布有搁浅冰及冰脚，一般冰厚20~40 cm，最大厚度约为50 cm。沿岸有重叠堆积冰分布，堆积高度1.0~2.0 m（图5.48）。

图5.48　望海寨附近现场冰情

5.3.3　终冰期

终冰期海冰卫星遥感图像和雷达图像如图5.49、图5.50所示。

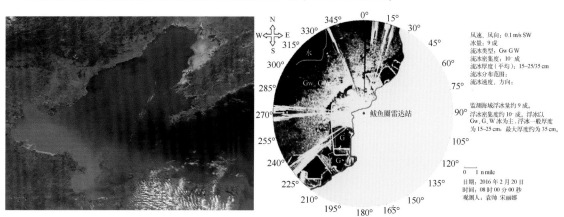

图5.49　2016年2月20日海冰卫星遥感图像和雷达图像

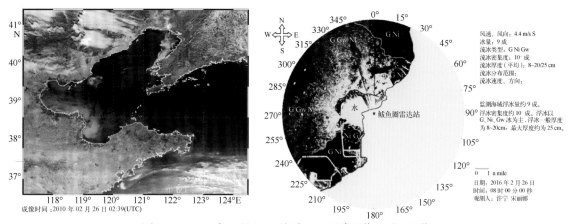

图5.50　2016年2月26日海冰卫星遥感图像和雷达图像

2016年2月26日(融冰期)，晴，气温-5.4~1.1℃，偏南风2~3级。调查地点：鲅鱼圈北部田家崴子和望海寨附近海域。调查海域海湾内分布有搁浅冰及冰脚，一般冰厚15~30 cm，最大厚度约为40 cm。沿岸有重叠堆积冰分布，堆积高度1.0~2.0 m(图5.51、图5.52)。

图5.51　田家崴子近岸冰情

图5.52　望海寨近岸冰情

5.4　轻冰年：2014—2015年冬季

根据《2015年中国海洋灾害公报》，2014—2015年冬季渤海及黄海北部的冰情较常年明显偏轻(1.0级)，最大浮冰范围出现在2015年2月4日，覆盖面积10 519 km²。辽东湾的初冰日为2014年12月3日，终冰日为2015年3月15日，辽东湾海冰最大覆盖面积8 545 km²，出现在1月31日，浮冰外缘线离岸最大距离45 n mile，出现在2月4日。

本年度冬季海冰灾害轻微影响我国渤海和黄海海域，造成直接经济损失0.06亿元，为近5年平均值的2%，为2013—2014年冬季的25%。

5.4.1 初冰期

初冰期海冰卫星遥感图像和雷达图像如图 5.53、图 5.54 所示。

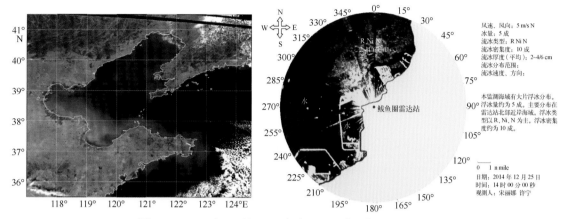

图 5.53　2014 年 12 月 25 日海冰卫星遥感图像和雷达图像

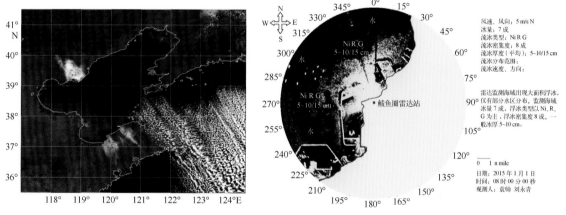

图 5.54　2015 年 1 月 1 日海冰卫星遥感图像和雷达图像

2014 年 12 月 26 日(初冰期)，气温-8～3℃，偏西南风 4～6 级。调查地点：鲅鱼圈港和鲅鱼圈北部田家崴子附近海域。调查海域部分海湾有搁浅冰及冰脚分布，一般冰厚度为 5～10 cm，最大约为 20 cm(图 5.55)。

图 5.55　鲅鱼圈港及田家崴子近岸水情(2014-12-26)

2015年1月2日（初冰期），气温-10~-5℃，北风3~5 m/s。调查地点：鲅鱼圈港电厂附近海域。调查及监测海域内个别海湾有搁浅冰及冰脚分布，一般冰厚度为5~10 cm，最大约为20 cm（图5.56）。

图5.56　鲅鱼圈电厂附近海上冰情（2015-01-02）

5.4.2　盛冰期

2015年1月9日（盛冰期），晴，西北风2~3 m/s。调查地点：鲅鱼圈北部望海寨近岸区域。调查海域内个别海湾有搁浅冰及冰脚分布，一般冰厚度为5~15 cm，最大约为30 cm（图5.57）。

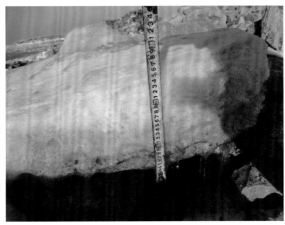

图5.57　望海寨附近现场冰情（2015-01-09）

2015年1月14日（盛冰期），多云转阴，西北风4 m/s。调查地点：鲅鱼圈北部田家崴子、望海寨和小董屯附近海域。调查海域内个别海湾有搁浅冰及冰脚分布，一般冰厚度为5~20 cm，最大约为40 cm（图5.58、图5.59）。

田家崴子   望海寨

图 5.58   田家崴子及望海寨附近现场冰情(2015-01-14)

图 5.59   鲅鱼圈北部小董屯附近现场冰情(2015-01-14)

盛冰期海冰卫星遥感图像和雷达图像如图 5.60、图 5.61、图 5.64 所示。

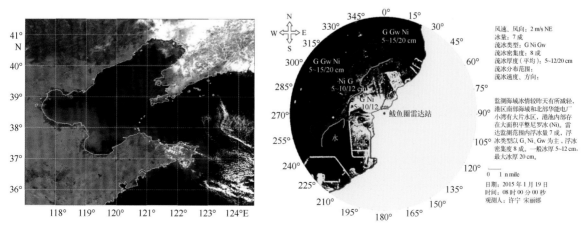

图 5.60   2015 年 1 月 19 日海冰卫星遥感图像和雷达图像

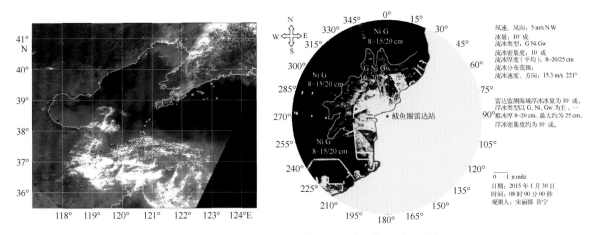

图 5.61　2015 年 1 月 30 日海冰卫星遥感图像和雷达图像

2015 年 1 月 22 日(盛冰期)，雾，气温-16~-2℃，偏北风 1 m/s。调查地点：雷达站至北部田家崴子沿岸一带和鲅鱼圈电厂附近海域。监测海域的北部上游望海寨沿岸一带海面，由于受围坝阻塞的影响，出现约 1 km 宽的沿岸冰(Ci)，一般冰厚在 10~20 cm，最大 25 cm；岸边分布有搁浅冰及冰脚，一般冰厚度为 5~20 cm，最大约为 40 cm(图 5.62、图 5.63)。

图 5.62　田家崴子附近现场冰情(2015-01-22)　　图 5.63　鲅鱼圈港附近电厂排水口冰情(2015-01-22)

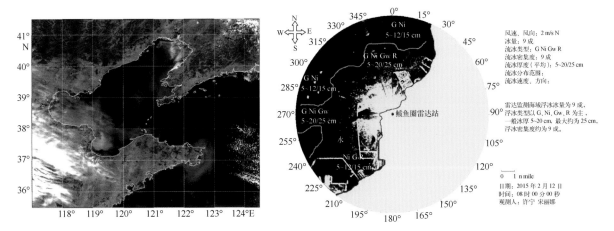

图 5.64　2015 年 2 月 12 日海冰卫星遥感图像和雷达图像

5.4.3 终冰期

2015 年 2 月 19 日(融冰期),雾,气温−9~3℃,偏北风 1 级。调查地点:鲅鱼圈北部望海寨和鲅鱼圈南部月亮湖附近海域。调查海域海湾岸边分布有搁浅冰及冰脚,一般冰厚为 10~15 cm,最大约为 30 cm(图 5.65)。

望海寨　　　　　　　　　　　　　　　月亮湖

图 5.65　望海寨及月亮湖附近现场冰情(2015-02-19)

终冰期海冰卫星遥感图像和雷达图像如图 5.66 所示。

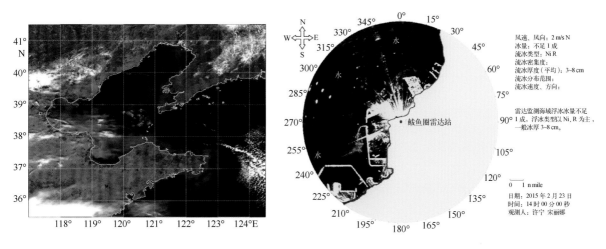

图 5.66　2015 年 2 月 23 日海冰卫星遥感图像和雷达图像

5.5　海上冰情调查

在 2005—2010 年期间,作者团队曾经多次乘坐破冰船进入渤海辽东湾冰区和渤海湾冰区开展海上冰情综合调查,调查内容包括采集海冰样本、观察海上冰情,获取停靠点气温、水温、反射光谱等海冰参数。

5.5.1 辽东湾海上冰情特征

2005年1月30日、2006年3月2日、2007年1月29日、2010年1月31日四次进入辽东湾海上冰区开展冰情调查，主要航线为营口鲅鱼圈港至辽东湾海冰外缘、营口鲅鱼圈港至盘锦港，最远航程深入冰区40 n mile。调查内容包括冰况、冰型、冰厚、冰密集度、水温、冰温、冰上反射光谱等，四次考察共获取了21个停靠点(实测)的冰型、冰厚、海冰样本、冰上反射光谱等实测数据，149个观测点(目测)点的冰况、冰量、冰型、冰密集度、冰厚资料等目测数据。

1) 2005年

2005年1月30日，作者团队从辽东湾鲅鱼圈港出发，深入海上冰区逾40 n mile到达海冰外缘，进行海上冰情调查。调查内容包括冰况、冰量、冰型、冰密度、冰厚、典型冰密度等冰情特征目测以及停靠点海冰采样和水温、冰温、冰上反射光谱测量等海冰参数测量。考察路线如图5.67所示，海上冰情如图5.68所示。

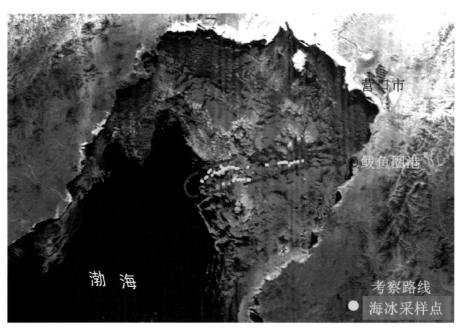

图5.67　2005年1月30日海上考察路线及采样点分布图

2) 2006年

2006年3月2日，作者团队从辽东湾鲅鱼圈港出发到盘锦港，进行海上冰情调查。调查内容包括冰况、冰量、冰型、冰密度、冰厚、典型冰密度等冰情特征目测。海上冰型包括尼罗冰、堆积冰和重叠冰，冰厚为5~12 cm，堆积冰和重叠冰冰面黑、脏，并有大量的淤泥，说明这部分冰大部分来自近岸或搁浅的固定冰盖，破碎后随流漂移，直至解体、破碎、消融。考察路线如图5.69所示，冰情卫星影像如图5.70所示，海上冰情如图5.71所示。

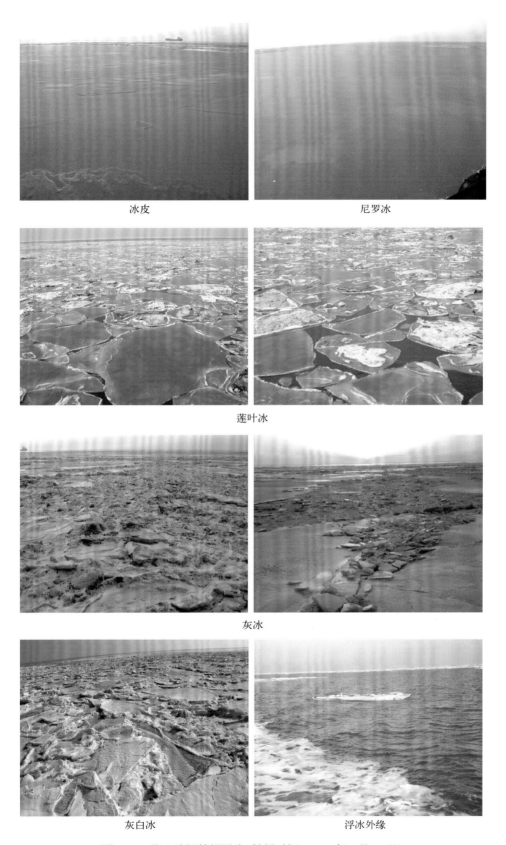

冰皮　　　　　　　　　　　　　　　　尼罗冰

莲叶冰

灰冰

灰白冰　　　　　　　　　　　　　　　浮冰外缘

图 5.68　海上冰调拍摄图片（拍摄时间：2005 年 1 月 30 日）

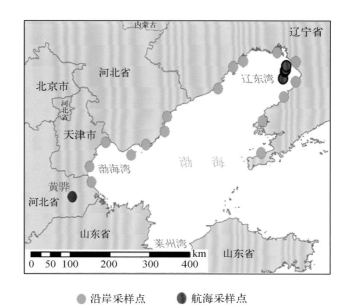

沿岸采样点　　航海采样点

图 5.69　2006 年 3 月 2 日海上考察路线示意图

图 5.70　2006 年 3 月 1 日卫星遥感影像(3 月 2 日本海区卫星遥感影像被云遮挡)

3) 2007 年

　　2007 年 1 月 29 日，作者团队从辽东湾鲅鱼圈港出发到盘锦港，进行海上冰情调查。调查内容包括冰况、冰量、冰型、冰密度、冰厚、典型冰密度等冰情特征目测。海上冰型以冰皮、尼罗冰、重叠冰为主，冰厚为 8~10 cm。考察路线如图 5.72 所示，海上冰情如图 5.73 所示。

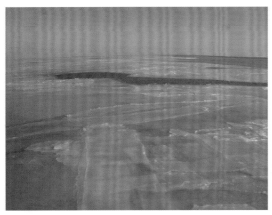 

尼罗冰

莲叶冰 皮冰

图 5.71 海上冰调拍摄图片（拍摄时间：2006 年 3 月 2 日）

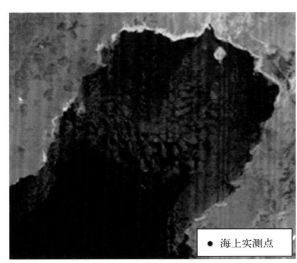 

● 海上实测点

图 5.72 2007 年 1 月 29 日海上考察路线及采样点分布图

| 冰皮 | 尼罗冰 | 重叠冰 |

图5.73　海上冰调拍摄图片(拍摄时间：2007年1月29日)

4)2010年

2010年1月31日，作者团队从辽东湾鲅鱼圈港出发深入冰区超过20 n mile，进行海上冰情调查。调查内容包括冰况、冰量、冰型、冰密度、冰厚、典型冰密度等冰情特征目测以及停靠点海冰采样和水温、冰温、冰上反射光谱测量等海冰参数测量。海上冰型以白冰、灰白冰为主，冰厚为20~40 cm。冰调前两天的卫星遥感影像如图5.74所示，考察路线如图5.75所示，海上冰情如图5.76所示。

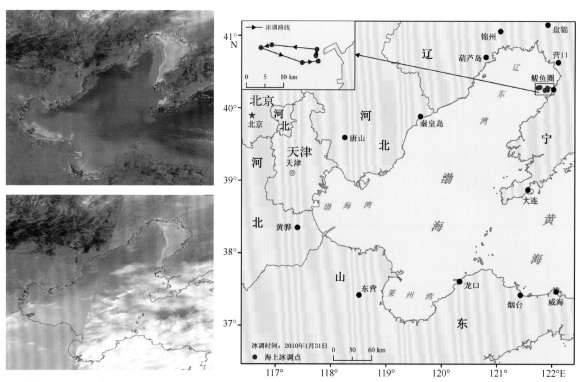

图5.74　2010年1月28日(上)、
1月29日(下)卫星遥感图像

图5.75　2010年1月31日海上考察路线及采样点分布图

灰白冰

破冰船过后

白冰

白冰

图 5.76　海上冰调拍摄图片（拍摄时间：2010 年 1 月 29 日）

5.5.2 渤海湾海上冰情特征

1）2008 年

2008 年 2 月 12 日，作者团队从渤海湾黄骅港出发到渤海湾海冰外缘，进行海上冰情调查。调查内容包括冰况、冰量、冰型、冰密度、冰厚、典型冰密度等冰情特征目测。海上冰型以尼罗冰为主，冰厚 5~10 cm，黄骅港出海通道海堤东侧受海流影响，存在由莲叶冰、灰冰组成的冰带，冰厚 10~15 cm。考察路线如图 5.77 所示，卫星遥感图像如图 5.78 所示，海上冰情如图 5.79 所示。

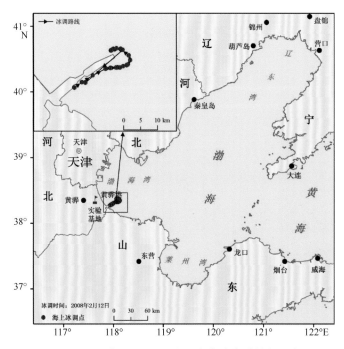

图 5.77　2008 年 2 月 12 日海上考察路线采样点示意图

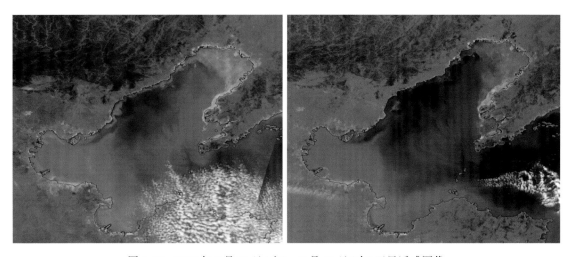

图 5.78　2008 年 2 月 11 日（左）、2 月 12 日（右）卫星遥感图像

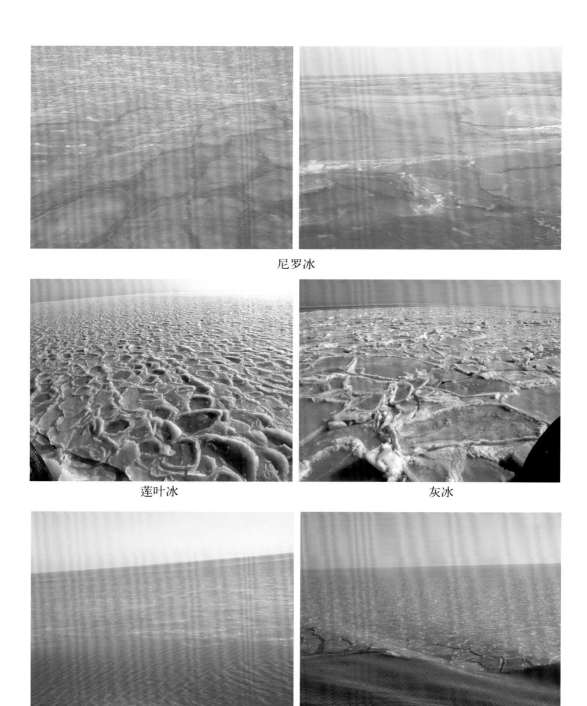

尼罗冰

莲叶冰　　　　　　　　　灰冰

冰水分界线

图 5.79　海上冰调拍摄图片(拍摄时间:2008 年 2 月 12 日)

参考文献

国家海洋环境监测中心. 鲅鱼圈海冰监测报告(2009—2016).

自然资源部. 中国海洋灾害公报(1989—2021). http：//www. nmdis. org. cn/hygb/zghyzhgb/index_2. shtml.

NASA Worldview. https：//worldview. earthdata. nasa. gov/.